智能家居控制技术及应用

第2版

林凡东　乔艳梅　王璐璐　束遵国　编　著

机 械 工 业 出 版 社

本书系统地讲述了智能家居控制技术的基础知识、关键技术、实训操作注意事项及相关理论，如RFID技术、无线传感器网络技术、智能信息处理技术等，深入探讨和分析了智能家居中门禁系统、家电控制系统、安防预警系统等方面的关键应用技术。本书图文并茂，结合实际，在结构编排和写作构思上力求全面、深入、系统。本书主要内容包括智能家居控制技术及应用概述、智能安防报警系统、门禁系统、烟雾报警系统、燃气报警系统、智能人体感应系统、空气质量监测系统、智能采光系统。

本书可作为职业院校物联网技术应用及相关专业的教材，也可作为智能家居爱好者的自学参考用书，同时对相关领域的科技工作者和工程技术人员也有一定的使用和参考价值。

本书配有电子课件、源代码、习题及答案，凡选用本书作为授课教材的教师可登录机械工业出版社教育服务网（www.cmpedu.com）免费注册后下载或联系编辑（010-88379194）咨询。本书还配有二维码视频，读者可直接扫码进行观看。

图书在版编目（CIP）数据

智能家居控制技术及应用 / 林凡东等编著. —2版. —北京：机械工业出版社，2023.11
ISBN 978-7-111-73997-5

Ⅰ. ①智… Ⅱ. ①林… Ⅲ. ①住宅-智能化建筑-自动控制系统 Ⅳ. ①TU241

中国国家版本馆CIP数据核字（2023）第189709号

机械工业出版社（北京市百万庄大街22号 邮政编码100037）
策划编辑：李绍坤　　责任编辑：李绍坤
责任校对：肖 琳 牟丽英　　封面设计：马若濛
责任印制：单爱军
北京虎彩文化传播有限公司印刷
2024年2月第2版第1次印刷
184mm×260mm · 13印张 · 267千字
标准书号：ISBN 978-7-111-73997-5
定价：42.00元

电话服务　　网络服务
客服电话：010-88361066　　机 工 官 网：www.cmpbook.com
010-88379833　　机 工 官 博：weibo.com/cmp1952
010-68326294　　金 书 网：www.golden-book.com
封底无防伪标均为盗版　　机工教育服务网：www.cmpedu.com

前言

随着计算机、互联网的普及，一波更加巨大的浪潮正在席卷全球，它就是近些年新兴的行业——物联网。它不仅涵盖了计算机产业，还融入了人们生活的方方面面，被誉为第三次信息科技浪潮，并成为世界新经济和科技竞争的制高点之一，其规模远超互联网和移动互联网。党的二十大报告提出的“推进新型工业化，加快建设制造强国、质量强国、航天强国、交通强国、网络强国、数字中国”等都离不开物联网技术，物联网技术已经成为建设现代化产业体系的重要技术之一，它作为新一代信息技术的重要代表，已经成为我国经济的新增长引擎，物联网行业也迫切需要大量的应用型人才。

在物联网的核心领域中，有一个概念已经走进了人们的生活，即智能家居。经过了十多年的概念认知阶段，智能家居已经成为了现代生活中的热门话题，它不仅是媒体关注的焦点、专业厂家的旗帜，更是增进民生福祉，提高人民生活品质，实现人民对美好生活向往的新追求与新方向。近些年来，在智能安防、智能娱乐、智能灯光等方向上，涌现出了许多产品，人们在生活中也越来越多地开始适应和使用智能家居产品。由此可见，智能家居已经揭下了它神秘的面纱，逐渐走到了人们的身边，走入千千万万户家庭中，成为人们生活中必不可少的一部分。

本书在讲述智能家居控制技术和应用的基础上，仔细梳理了各个系统的知识，整理出了一条循序渐进的学习方法，详细地阐述了其中的关键技术，结合案例和实训能更深入地理解各个知识点，进一步探讨技术研究领域和应用领域的科学技术问题。本书具有体系结构清晰、知识全面、易于理解、理论实践相结合的特点，非常适用于学校教学和个人研究学习。

本书共8个单元，主要内容包括单元1智能家居控制技术及应用概述、单元2智能安防报警系统、单元3门禁系统、单元4烟雾报警系统、单元5燃气报警系统、单元6智能人体感应系统、单元7空气质量监测系统、单元8智能采光系统。

本书建议学时为108学时，具体如下：

序号	单元	学时
1	智能家居控制技术及应用概述	16
2	智能安防报警系统	16
3	门禁系统	16
4	烟雾报警系统	12
5	燃气报警系统	12

（续）

序　号	单　元	学　时
6	智能人体感应系统	12
7	空气质量监测系统	12
8	智能采光系统	12
合计		108

本书由莒县职业技术教育中心的林凡东、青岛城市管理职业学校的乔艳梅、莒县职业技术教育中心的王璐璐和上海企想信息技术有限公司的柬遵国编著。

由于编者水平有限，书中难免存在疏漏与不足之处，恳请广大专家和读者不吝赐教。

编　者

二维码索引

二维码索引

（续）

目录

目录

目录

目录

单元 1

智能家居控制技术及应用概述

学习目标

知识目标

- 了解无线传感网络的概念、应用范围和发展状况。
- 熟悉常见的传感器类型，掌握常用无线通信网络技术。

能力目标

- 能正确认识智能家居系统，会根据应用场景选择合适的传感器。
- 会根据客户需求制订智能家居设计方案。

素质目标

- 树立团队精神、协作精神，具有较好的语言表达能力。
- 了解我国智能家居典型案例，感受科技发展给生活带来的便利，增强民族自豪感。

1.1 智能家居系统综述

1.1.1 智能家居的概念

智能家居（Smart Home）是以人们的住宅为平台，将计算机技术、网络通信技术、综合布线技术等先进的技术与家居生活有关的各种设备有机地结合在一起，让家庭的日常事务处理更加简单高效。智能家居是集系统、结构、服务、管理为一体的高效、舒适、安全、便利、环保的居住环境，提供全方位的信息交换功能，帮助家庭与外部保持信息交流通畅。智能家居示意如图1-1所示。

图1-1 智能家居示意

1. 智能家居的前世今生

1984年智能大厦开始投入使用，智能大厦第一次出现在人们的视野中，成为当时美国的典型建筑物。智能大厦的诞生拉开了全球智能建筑的序幕，为全球智能建筑的发展奠定了坚实的基础。随着数字技术的改善和提升，截止到20世纪80年代末，智能建筑已经得到了本质的改变，开始由传统数字控制转变到集电子技术、住宅电子、家用电器、通信设备等为一体的系统化控制，智能化效益大幅提升，智能控制质量得到本质上的转变。如美国同时期智慧屋、欧洲同时期时髦屋等，都是20世纪80年代末典型的智能建筑。

现在智能家居市场的发展势头依然强劲。家电行业、智能硬件企业和家居企业也动作频频，加快了跨界互补的进程，欲在深入智能家居市场的同时进一步升级产业，以在智能家居普及大潮中占得先机。智能家居系统如图1-2所示。

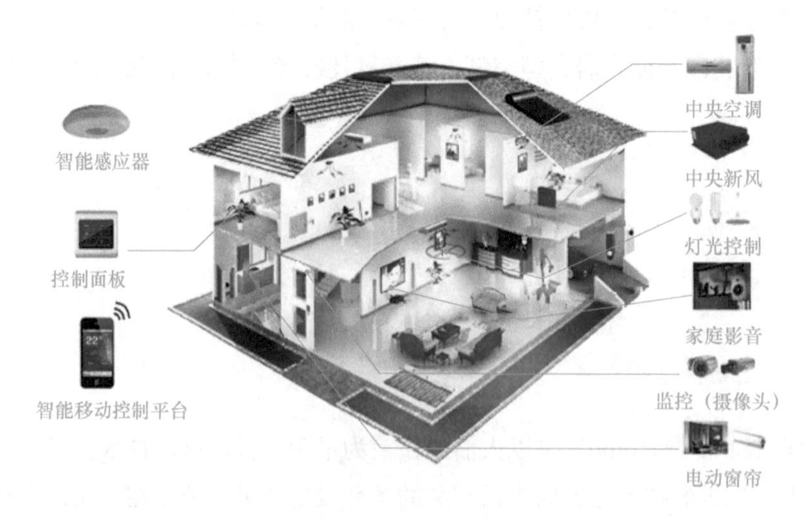

图1-2 智能家居系统

2. 智能家居行业概况

智能家居作为物联网重点应用之一，物联网设备正在不断创新，智能化程度不断提高，家居联网设备持续增多，可以提供更大的应用范围和更高的能源效率。中国主要处在智能互联阶段，近几年，智能家居正逐渐从单品智能步入智能互联阶段。

从全球市场来看，据Statista 2021年发布的报告预测，全球智能家居市场规模预计将从2022年的1261亿美元增长到2026年的2078亿美元，2022～2026年智能家居市场预计将以13.30%的年复合增长率增长。就国内市场而言，2022年，我国智能家居市场规模为250.67亿美元。根据Statista 2022年发布的报告，预测到2026年我国智能家居市场规模可达到452.71亿美元，2022～2026年年均复合增长率为15.93%。此外，IDC在2021年第二季度报告中预测2021～2025年我国智能家居设备市场出货量将以21.4%的复合增长率维持增长，至2025年出货量将达到5.4亿台，其中全屋解决方案在消费市场的推广将成为市场增长的重要动力之一。

为什么普通住宅智能家居市场比高端市场发展慢?

智能化、开放性、网络化、信息化成为未来智能家居的主要趋势：向高速、高效、高精度、高可靠性方向发展；向模块化、智能化、柔性化、网络化和集成化方向发展。好的智能平台和产品能够通过视频监控、大数据分析、人体感应和识别技术等解决用户痛点，提供更加个性化的服务。整个智能家居行业未来发展前景广阔，各类创新业务不断涌现，而智能家居单品的研发也已经逐渐加速。企业要想在智能家居上取得领先，必然需要在平台和生态控制权上展开争夺。从用户的角度看，只有解决用户痛点和提供良好体验的产品才能被推广。

3. 智能家居应用领域

(1) 智能小区

智能小区总体构成包含用电信息采集、双向互动服务、小区配电自动化、用户侧分布式电源及储能、电动汽车有序充电、智能家居等多项新技术成果应用，综合了计算机技术、综合布线技术、通信技术、控制技术、测量技术等多学科技术领域，是一种多领域、多系统协调的集成应用，如图1-3所示。

智能小区可实现以下功能：运用智能电表技术实现用电信息自动采集，提升电网自动化水平，保证小区可靠供电；电力光纤到表到户，服务互联网、广电网和电信网“三网融合”；智能用电服务互动平台，实现用户与供电企业的实时互动；示范分布式光伏发电，倡导清洁能源消费；配置电动汽车充电管理设施，满足居民使用电动汽车的需求；家电的远程监测与控制，促进家庭合理使用能源；设置自助缴费终端，方便客户缴费；实现水电气集抄，有效整合各运营商的人力资源。

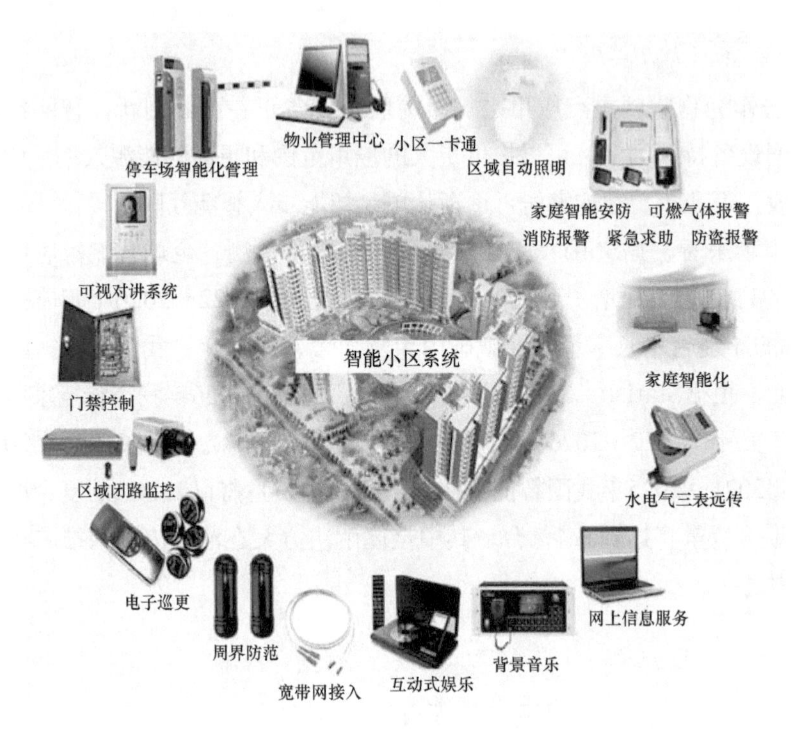

图1-3 智能小区系统

（2）智能照明

智能照明是指利用计算机、无线通信数据传输、扩频电力载波通信技术、计算机智能化信息处理及节能型电器控制等技术组成的分布式无线遥测、遥控、遥讯控制系统，来实现对照明设备的智能化控制。它具有灯光亮度的强弱调节、灯光软启动、定时控制、场景设置等功能；并达到安全、节能、舒适、高效的特点，如图1-4所示。

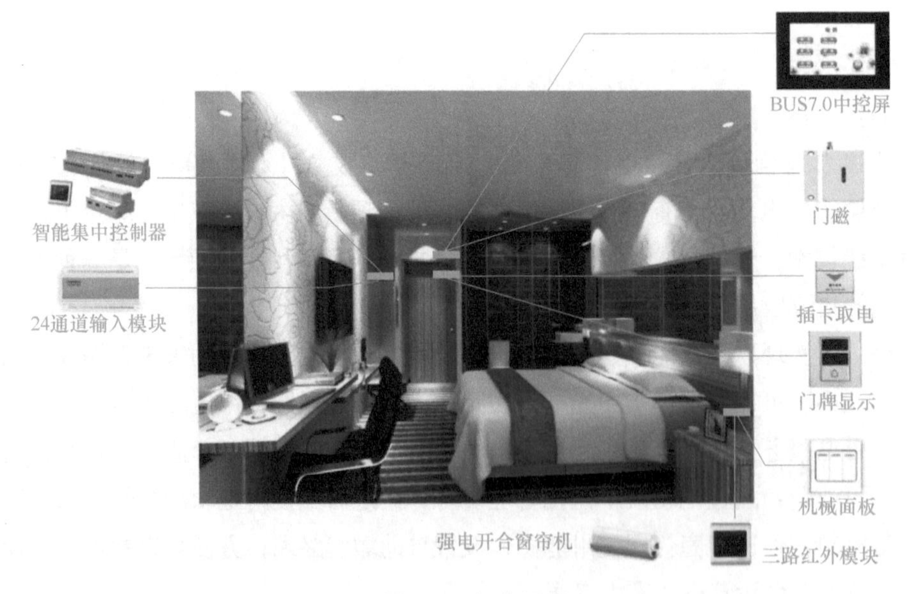

图1-4 智能照明

智能照明系统应用广泛，可大批量、大范围智能控制灯具及关联物品，系统可实现以下功能：

1）照明的自动化控制系统最大的特点是场景控制，在同一室内可有多路照明回路，对每一回路亮度调整后达到某种灯光气氛称为场景；可预先设置不同的场景（营造出不同的灯光环境），切换场景时的淡入淡出时间，使灯光柔和变化。时钟控制，利用时钟控制器使灯光呈现按每天的日出、日落或有时间规律的变化。利用各种传感器及遥控器达到对灯光的自动控制。

2）美化环境。室内照明利用场景变化增加环境艺术效果，产生立体感、层次感，营造出舒适的环境，有利于人们的身心健康，提高工作效率。

3）延长灯具寿命。影响灯具寿命的主要因素主要有过电压使用和冷态冲击，它们使灯具寿命大大降低。

4）节约能源。采用亮度传感器自动调节灯光强弱，达到节能效果。采用移动传感器，当人进入传感器感应区域后逐渐升光，当人走出感应区域后灯光逐渐变暗或熄灭，使一些走廊、楼道的“长明灯”得到控制，达到节能的目的。

5）为了保持室内外的光照度一致，可以采用光照度传感器。例如，在学校的教室，要求靠窗与靠墙光强度基本相同，可在靠窗与靠墙处分别加装传感器，当室外光线强时系统会自动将靠窗的灯光减弱或关闭并根据靠墙传感器调整靠墙的灯光亮度；当室外光线变弱时，传感器会根据感应信号调整灯的亮度到预先设置的光照度值。

6）综合控制。可通过计算机网络对整个系统进行监控，例如，了解当前各个照明回路的工作状态；设置、修改场景；当有紧急情况时控制整个系统并发出故障报告。

（3）智能安防系统

智能安防系统可以简单理解为：能完成图像的传输和存储、数据的存储和处理并能够准确且有选择性地完成操作的技术系统，如图1-5所示。一个完整的安防系统主要包括监控、报警、门禁对讲、巡更、广播（主要针对消防系统）这几部分。一个完整的智能安防系统主要包括门禁、报警和监控3大部分。智能安防与传统安防的最大区别在于智能化。我国安防产业发展很快，也比较普及，但是传统安防对人的依赖性比较强，非常耗费人力，而智能安防能够通过机器实现智能判断，从而尽可能实现人想做的事。

（4）智能遥控

智能遥控不止具有开关的功能，它在替代传统墙壁开关的同时，更具有对室内灯光进行控制的功能，如全开全关功能、遥控开关功能、调光功能、情景功能等，可以在家中任意位置控制灯光和电器，并具有节能、防火、防雷击、安装方便等特点，其取代传统手动式开关已逐渐成为潮流。

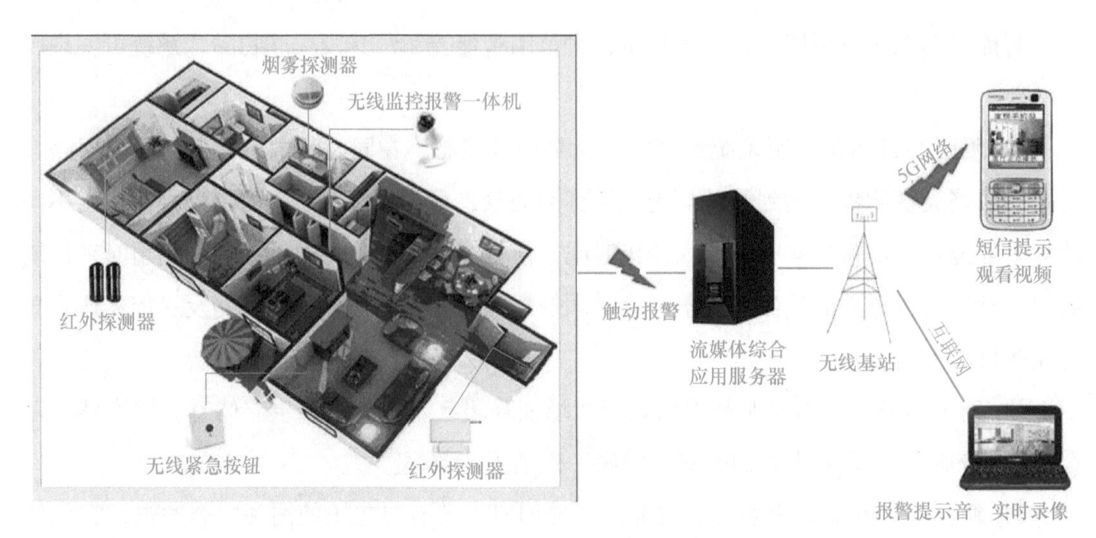

图1-5 智能安防系统

智能遥控实用性强、智能性高，具有以下突出优点：

无方向远距离隔墙控制功能，一般在10～80m半径内可以做到信号覆盖，且可以穿透2～3堵墙体；极强的抗干扰能力，可靠性高，具有防火、防雷击功能；具有手动开关和遥控开关两种模式，既增强了方便性，又承袭了原有的习惯；断电保护功能，遇到断电情况，开关全部关闭，当来电时开关处于关闭状态，不会因未知开关状态而造成人身伤害，也可以在无人值守的情况下节约电能；家电控制集成功能，目前一般家庭都被遥控器困扰着，现在只需要一个遥控器就可以实现对室内空调、电视、电动窗帘、音响、电饭煲等电器的控制，组建一个智能家居系统；超载保护功能，智能遥控里有过流保护装置，当电流过大时，保险管会先断开，起到保护电路的作用。

想一想

智能家居领域里除了上述应用，还有哪些应用？

4．智能家居行业未来展望

从2000年的首届中国国际建筑智能化峰会到2016年的第四届中国国际建筑智能化峰会，虽然我国房产智能化道路几经周折，但是这一进程却不可阻挡地前进着。科技的发展使人们坚定不移地追求更高品质的生活，作为高品质信息生活的产品得到越来越多的瞩目。回想1999年、2000年北京的房地产广告，“智能化”的描述比比皆是。正值网络和新经济的高峰，房地产业的就势跟进使“智能化”成为新建社区不可缺少的“卖点”，智能化住宅小区建设一时在全国形成高潮。虽然科技飞速发展，信息技术日新月异，但是如何将这些技术引入智能家居产品之中，打造出真正实用的智能家居产品，才是中国国际建筑智能化峰会每一位参与者最关注的问题。

未来的发展趋势，云服务必不可少，增加云服务可以把智能家居功能扩展到智能自动化、数据存储、数据分析、视频存储等，有些厂商已经可以与阿里云、百度云、腾讯云等合作，免去自己架设服务器，按实际需求提供实际的服务。

另外一个趋势就是语音控制。目前许多解决方案都是使用智能手机等移动设备或计算机的应用程序进行访问和控制的。不过，对于许多未来的使用案例来说，这种方式一方面效率不高，另一方面也会有诸多不便。不断地使用智能手机（即使只是通过一个单一的应用程序接口）来执行最简单的命令也会令用户感到麻烦。因此行业需要开发新的智能家居接口技术，而声音作为人类交互最自然的方式之一，是最容易想到的选择。

在未来，智能家居技术将能够在没有任何人类交互的情况下实现工作；它还能够基于一定的规则和外部条件、信息作出自己的决定。但是，总会有些情况用户希望自己与设备进行交互，例如，改变或检查家中的设置。虽然这些信息可以通过访问手机APP获取，但是当用户身处家中时，不间断地访问手机APP则可能成为一种麻烦。如果用户能够简单地通过语音来获得所需的响应，那么一切就将变得更快更方便。

1.1.2　智能家居控制系统介绍

智能家居控制系统（Smart Home Control System，SCS）是以人们日常所住的住宅为平台，以住宅中电器及家电设备为主要控制对象，利用先进的技术，如综合布线技术、网络通信技术、安全防范技术、自动控制技术、音视频技术将家居生活有关的设施进行高效集成，该系统使住宅设施与家庭日常事务的控制管理更加高效，提升家居安全性、舒适性、便捷性等。智能家居的核心是智能家居控制系统，智能家居控制系统是智能家居控制功能实现的基础，如图1-6所示。

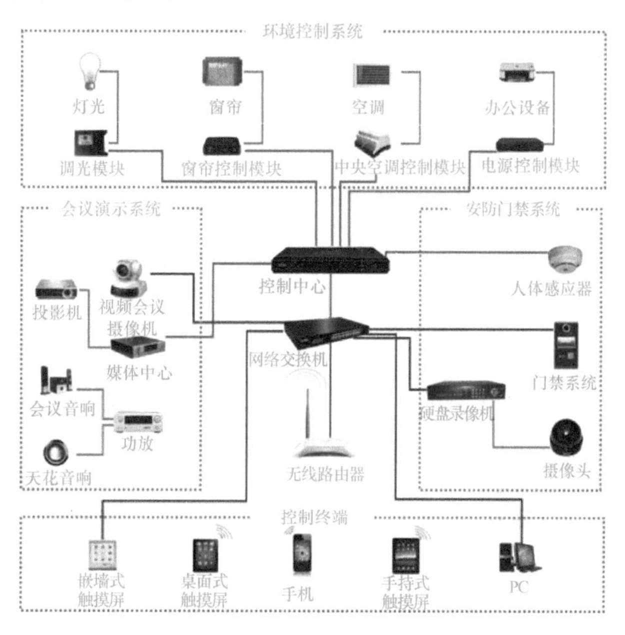

图1-6　智能家居控制系统

1. 智能家居的功能

智能家居有多种智能控制方式，可以实现对住宅灯光的遥控开关、会客、影院等多种一键式灯光场景效果的实现，让住宅的照明更智能、节能、方便，相当于把家中的所有开关装进口袋，如图1-7所示。

图1-7 手机管理——全宅灯光控制

智能家居系统在安防状态下，家中一旦出现异常状况，如有人闯入、玻璃被打碎、燃气泄漏等情况，系统会立即作出响应。无论用户在任何地方，随时都能使用智能手机通过网络连接安装在家中的网络摄像机，查看住宅内外的环境、情况；当孩子平安到家，打开门的同时，系统会发送短信到父母的智能手机上等，如图1-8所示。

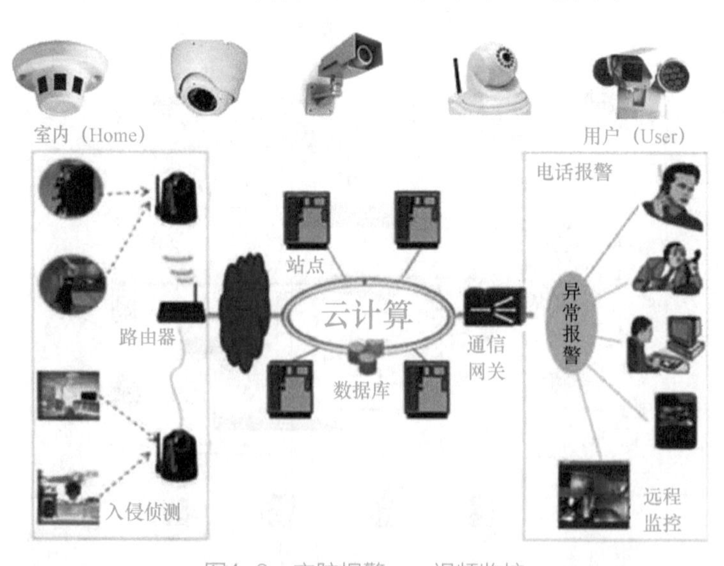

图1-8 安防报警——视频监控

住宅门口的呼叫机在发起呼叫时智能终端和数字分机同时显示门口的视频情况；任何一个数字分机接听后，可以实现实时可视对讲功能；每个数字分机都可以主动监控任一住宅门口摄像头的视频图像；智能终端可以与每个数字分机之间相互呼叫，实现对讲功能；通过客户端软件，在手机、PAD作为对讲终端的情况下，实现移动对讲功能，如图1-9所示。

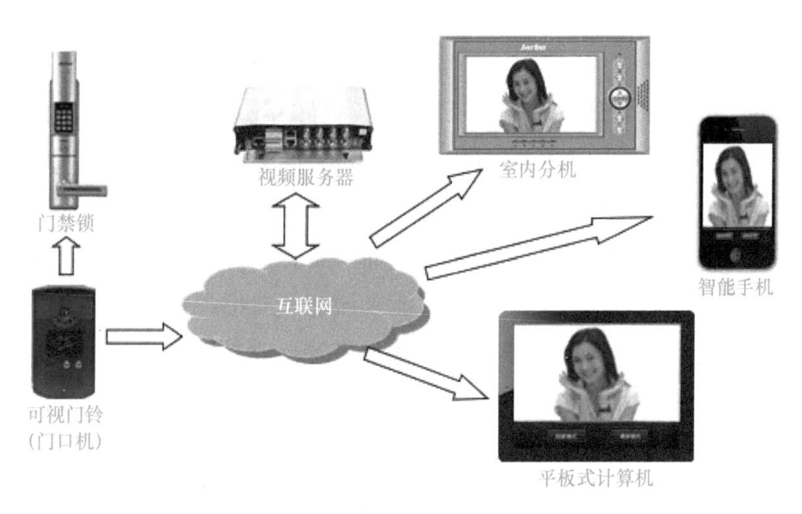

图1-9　智能安防——可视对讲

2. 智能家居的特点

（1）智能控制、实用便利

智能家居可以通过手机、平板式计算机、触摸屏等控制所有家电设备进行操作，包括家用电器的定时控制、无线遥控、场景控制、电话远程控制、计算机控制等多种智能控制都能轻松实现，非常便捷、高效。

（2）安装简单、维护方便

智能家居的安装方式分为3种：总线式布线、无线通信和混合式。其中安装、调试、维护、更换最为简单的是无线通信，因为无线智能家居系统的配套产品全部采用无线通信模式，在安装、添加无线智能家居产品时，不需要进行实体布线，不会影响现有的设备，即便住宅已经装修完传统的家居也可轻松升级为智能家居，可以不破坏隔墙，也可以不购买新的电气设备，相应的模块安装在电源处，智能家居系统就可智能控制家中现有的电器设备，如灯具、电话、家电等。

（3）运行安全、管理可靠

智能家居的配套产品采用的是弱电技术，产品在低电压、低电流下工作，在低电压、低电流下保障产品的寿命和安全性，使得智能家居子系统可以长时间进行工作。智能家居系统采用的结合方式有通信应答、定时自检、环境监控、程序备份等方式，让系统运行得可执行、可评估、可报警等，提高了系统的可靠性。

习题1-1

在智能家居系统控制中，手机端、PC端各有什么优缺点？

1.2 初识无线传感器网络

随着互联网的不断普及，人们的工作、生活已经融入信息时代的浪潮之中，常用的计算机和手机都已经进入智能化的时代，特别是智能手机，几乎达到人手一台的程度。越来越多的和人们生活贴近的事物也开始向智能化发展，比如智能汽车、网络数字电视等，其中走在发展最前沿和最贴近人们生活的就是智能家居了。作为一个最近几年非常热门的行业，受到了许多公司的关注，智能家居的产业已经能够达到几百亿的规模了，正在逐渐地走向成熟。而一个成熟的行业必定需要有成熟稳定的技术来作为支撑，在智能家居中，支撑起这个行业的核心技术就是无线传感器网络技术。它作为智能家居依赖为生的技术，为智能家居提供了传统互联网所缺少的移动性、使用便利性和设备简洁性，可以在采集、控制、用户APP等多方面看到它的身影。下面介绍无线传感器网络的应用与发展。

1.2.1 无线传感器网络概述

由分布在检测区域内的大量廉价微型传感器节点组成并且通过无线通信的方式形成一个多跳自组织网络系统，称为无线传感器网络，这是目前国际上备受关注的新兴科学技术网络。无线传感器网络由多个学科高度交叉而形成，综合了网络通信技术、传感器技术、微电子制造技术、分布式信息处理技术和嵌入式计算技术等，能够通过不同种类和功能的、集成化的微型传感器节点协作对不同环境或检测对象的信息进行感知、采集以及实时监测，并对采集到的信息进行处理，通过无线的自组织网络以多跳中继的方式将所感知到的信息传送到终端用户。

作为一种最新的信息获取平台，无线传感器网络可以实现实时监测和采集各种监控对象信息的功能，并将采集到的信息传送到网关节点，从而实现特定区域内的目标监测、跟踪和远程控制。无线传感器网络是一个由很多种廉价的传感器节点（如，电磁、温度、湿度、气体、压力、噪声、光照度、人体红外等传感器）组成的无线自组织网络。每个传感器节点都由传感模块、信息处理模块、无线通信模块和能量供给模块组成。还有另一种普遍被大众所接受的无线传感器网络的定义：无线传感器网络是一种大规模的、自组织多跳的、无基础设施支持的无线网络，网络中的节点是同构的，成本不高，体积以及耗电量都很小，大部分的节点都是固定的，随意分布在监测的区域，要求网络要尽可能地工作时间长、使用寿命长。

无线传感器网络在农业、工业、医疗、军事、交通、物流、个人以及家庭等很多领域都具有非常广泛的应用，它的研究、开发和应用在很大程度上都关联着国家安全、经济发展等方面。由于无线传感器网络很好的应用前景和它潜在的应用价值，近几年在国际上引起了高度的重视。另一方面，因为国际上各个组织、机构和企业都高度重视无线传感器网络技术及相关的研究，所以极大地促进了无线传感器网络的快速发展，让无线传感器网络在越来越多的应用领域发挥独有的作用。

与各种普通网络相比，无线传感器网络具有以下特点：

1）分布式拓扑结构。无线传感器网络中没有固定的网络基础设备，所有的节点都是地位平等的，通过分布式协议来协调各个节点从而协作完成特定任务。节点可以随时加入、离开这个网络，但不会影响网络的正常工作，具有超高的抗毁性能。

2）节点数量较多，网络密度较高。无线传感器网络通常都是密集分布在大范围的无人监测区域当中，通过网络中大量不同功能的节点协同工作来提高整个系统的工作质量。

3）自组织特性。无线传感器网络所使用的物理环境和网络自身都存在很多不可预料的因素，因此需要网络节点具备自组织能力，即在无人干预、无其他任何网络基础设施支持的情况下，可以随时随地自动组网，自发进行配置和管理，并采用适合的路由协议实现监测数据的转发。

1.2.2 无线传感器网络应用与发展

无线传感器网络作为一种现代新型网络，在工业监控、智能交通、医疗健康、智能农业、军事应用、家庭应用、灾难救援与临时场合等领域都有着广泛的应用，它在保障国家安全、促进经济发展等方面发挥了非常重大的作用。目前无线传感器网络还在不断快速发展，未来它将被拓展到更多新的应用领域。

1. 工业监控

很多工业生产环境都非常恶劣，温度、湿度、压力、电磁、振动和噪声等环境因素时刻都在发生变化，且一些特殊的工作环境还存在着一定的高危性，如石油钻井、煤矿、核电厂等。利用无线传感器网络实时监控工业生产过程中的环境状况及人员活动等敏感数据和信息，可以有效地减少生产过程中人力、物力的损失，进而保障工作人员或公众的生命安全。

2. 智能交通

这是与交通运输有关的一项应用，通过安装在道路两边的传感器在较高分辨率下收集道路交通状况的信息，也就是所谓的“智能交通”，它还可以与汽车的信息进行交互，比如，前方交通拥堵、道路状况危险警告等。

3. 医疗健康

传统模式中的医疗检测要求病人一定要去医院，有时还要躺在病床上，非常不方便。利用无线传感器网络技术就可以让病人佩戴具有特定功能的微型传感器，医生可以使用手持PDA等设备随时查询病人的健康状况或接收报警信息。另外，利用医护人员和病人之间的这种跟踪系统可以比较及时地救治伤患。

4. 智能农业

无线传感器网络现在也广泛应用于农业，即将温度、土壤组合传感器放置在农田中，计算出准确的灌溉量和施肥量，这项应用所需传感器的数据相对少，大概近万平方米的面积配备一个传感器就够了。同样，对农田进行高分辨率的检测也可防治病虫害。另外，在畜牧业方面，可以在猪或者牛的身上使用传感器，通过传感器随时监控动物的健康状况，如果测量值超过阈值则会发出警告，以此提高畜牧业的产量和收益。

5. 军事应用

无线传感器网络最早是应用于军事作战方面的。在战场上，使用无线传感器网络采集到部队、武器装备和军用物资供给等信息，并通过汇聚节点将数据送至指挥所，再转发到指挥部，最后融合来自各个战场的数据形成军队完备的战区态势图。无线传感器网络已成为一些国家网络中心作战体系中面向武器装备的网络系统，该系统的目标是利用先进的高科技，为未来的现代化战争设计一个集命令、控制、通信、计算、智能、监视、侦查和定位于一体的战场指挥系统，也因此受到了军事发达国家的高度重视。

6. 家庭应用

信息技术的快速发展大大改变了人们的生活和工作方式。无线传感器网络在家庭及办公自动化方面有着巨大的潜在应用前景。利用无线传感器网络把家庭中各种家电设备联系起来，就可以组建一个家庭智能化网络，使它们可以自动运行，相互协作，为用户提供尽可能的舒适和便利。比如，使用微型传感器能够将家用电器、手机和个人计算机通过互联网联系起来，实现远距离的实时监控。

7. 灾难救援与临时场合

在遭受了地震、水灾、强热带风暴等自然灾害打击后，原有的固定通信网络设施（如有线通信网、移动通信网、卫星通信地球站等）通常会被大量地摧毁，导致无法正常通信。这时，为了正常进行抢险救灾工作，可以使用不依赖任何固定网络设施且能够快速构建的无线传感器网络，从而达到减少人员伤亡和财产损失的目的。

8. 其他

无线传感器网络有着非常广泛的应用前景，它不仅在工业、医疗、农业、军事、灾难救援等领域具有巨大的应用价值，未来还将在许多新兴领域中体现出它的优越性，如智能物流、空间探索、环境监测和灾害防范等领域。

随着无线传感器网络的快速发展，无线传感器网络将慢慢渗入人们生活的各个领域，微型、高效、智能、廉价的传感器节点必定会走进大众的生活，从而形成一个无所不在的网络世界。

习题1-2

1）说一说你理想中的无线传感器网络，未来的世界会因为无线传感器网络发生什么改变？

2）说一说你身边有哪些典型的无线传感器网络的应用？

1.3 智能家居感知与控制系统常用技术简介

1.3.1 常用传感器介绍

（1）烟雾传感器

烟雾传感器是通过监测烟雾的浓度来实现火灾防范的。烟雾探测器内部采用离子式烟雾传感器，它是一种技术先进、工作稳定可靠的传感器，被广泛运用到各种消防报警系统中，性能远优于气敏电阻类的火灾报警器。

在它的内外电离室里面有放射源镅241。电离产生的正、负离子在电场的作用下各自向正负电极移动。在正常的情况下，内外电离室的电流、电压都是稳定的。一旦有烟雾窜逃外电离室，干扰了带电粒子的正常运动，电流、电压就会有所改变，破坏了内外电离室之间的平衡，于是无线发射器发出无线报警信号，通知远方的接收主机，将报警信息传递出去。

常用的烟雾探测方式有离子感烟探测方式和光电感烟探测方式。

离子感烟探测方式的内电离室是密封的，烟雾进不去，当没有烟雾时离子能到达对面电极，内、外电离室电压、电流平衡；有烟雾进入外电离室，烟雾阻挡了离子到达对面电极，外电离室电场失去平衡，报警器探测到后发出警报。

光电感烟探测器主要利用红外线探测，分为前向反射式和后向反射式。后向反射式探测器对灰烟、黑烟不够敏感。

当今社会人们的环保意识越来越强，开发绿色、环保的产品已经成为企业追求的目标。MQ-X系列气体传感器也是为适应市场需求而设计的，此款烟雾传感器采用MQ—2型气敏元件，可以很灵敏地检测到空气中的烟雾以及甲烷气体。通过连接与编程，结合其他实训模块，可以制作烟雾报警器、甲烷泄漏报警器、自动烟雾排风机等产品，是使室内空气达到环保标准的理想传感器。MQ—2型烟雾传感器，如图1-10所示。

图1-10 MQ—2型烟雾传感器

烟雾传感器广泛应用在城市安防、学校、小区、公司、工厂、家庭、仓库、别墅、资源、化工、石油、燃气输配等众多领域。

（2）人体红外传感器

人体红外传感器是一种能检测人体发射的红外线的新型高灵敏度红外探测元件。它能以非接触的形式检测出人体辐射的红外线能量变化，并将其转换为电信号输出。将输出的电压信号加以放大，便可驱动各种控制电路。它适用于楼道、走廊、车库、仓库、地下室、洗手间等场所的自动照明、抽风等用途，真正体现楼宇智能化及物业管理的现代化，其功能特点如下：

1）基于红外线技术的自动控制产品，当有人进入感应范围时，传感器探测到人体红外光谱发生变化，开关自动接通负载用电器。人不离开并且在活动，开关持续导通；人离开后，开关延时自动关闭负载，人到灯亮，人离灯熄，方便、安全节能。

2）具有过零检测的功能：无触点电子开关，延长负载使用寿命。

3）应用光敏控制，开关自动测光，光线强时不感应。

智能家居安防系统中常用的人体红外感应器，如图1-11所示。

图1-11 人体红外感应器

人体红外感应装置在人们的生活中随处可见，如红外感应自动水龙头、红外感应干手器、红外感应自动门等，如图1-12和图1-13所示。

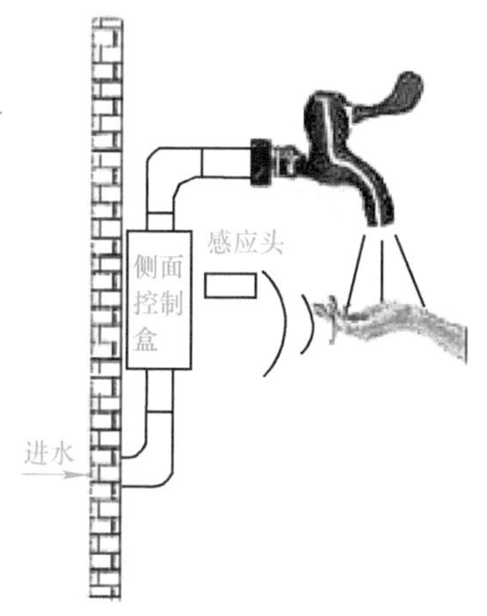

图1-12　红外感应自动水龙头

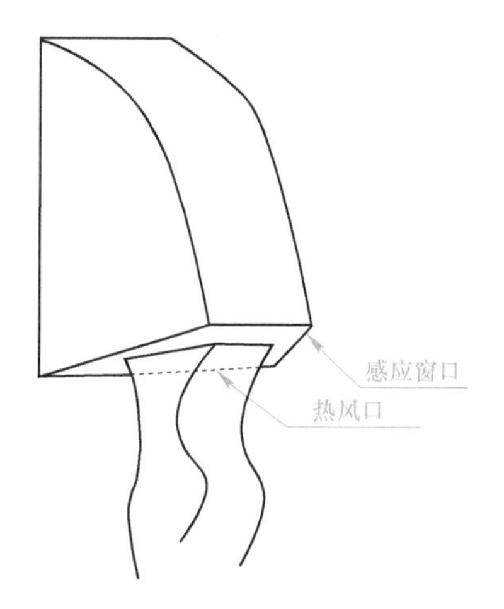

图1-13　红外感应干手器

（3）光照度传感器

光照度传感器选用专业的光伏探测器，可将可见光频段光谱吸收后转换成电信号。根据电信号的大小对应光照度的强弱。内装有滤光片，使可见光以外的光谱不能到达光接收器，内部放大电路有可调放大器，用于调制光谱接收范围，从而可实现对不同光强度的测量。由于光电二极管的输出与照度（光流量/感光面积）成比例，因此可以构成照度传感器（其他光度值测量都可以采取相应办法将其变换为感光面的照度进行测量）；再将光电流通过通用运算放大器进行电流—电压转换。

生活中常见的利用光照传感器的装置有很多，例如，用到光敏电阻的路灯，根据白天黑夜的光照强度改变电阻值，从而达到控制电路通断的目的。如图1-14所示是一些常见的光照度传感器。

图1-14　光照度传感器

（4）燃气传感器

监测可燃性气体泄漏的警报器被广泛地用于煤矿和工厂，如今也逐渐在家庭里开始普及，用来监测瓦斯、一氧化碳、液化石油气有无泄漏，预防气体泄漏引起的爆炸以及不完全燃烧引起的中毒。这些警报器的核心部分就是燃气传感器，它是气体传感器的一种。

从作用机理来看，燃气传感器主要分两种：半导体气体传感器和接触燃烧传感器。

半导体气体传感器主要是由SnO_2等n型氧化物半导体加入白金或钯等贵金属构成的。可燃性气体在其表面发生反应，就能引起SnO_2电导率的变化，从而感知可燃性气体的存在。这种反应需要在特定的温度下才能发生，所以还要用电阻丝对传感器进行加热。

接触燃烧传感器是指可燃性气体与催化剂接触时发生燃烧，使白金线圈的电阻值发生变化从而感应燃气的存在。这种传感器是由载有白金或钯等贵金属催化剂的多孔氧化铝涂覆在白金线圈上构成的。

常见的有MQ—5型燃气传感器，它属于半导体气体传感器，如图1-15所示。

图1-15　MQ—5型燃气传感器

MQ—5气体传感器所使用的敏感材料是在清洁空气中电导率较低的二氧化锡（SnO_2）。当传感器所处环境中存在可燃气体时，传感器的电导率随空气中可燃气体浓度的增加而增大。使用简单的电路即可将电导率的变化转换为与该气体浓度对应的输出信号。

MQ—5气体传感器对丙烷、丁烷、甲烷的灵敏度高，能够较好地兼顾甲烷和丙烷。这种传感器可检测多种可燃性气体，是一款适合多种应用的低成本传感器。

（5）温湿度传感器

不管是从物理量本身还是人们实际的生活，温度与湿度都有着非常密切的关系，所以温湿度一体的传感器应运而生。温湿度传感器是指能将温度量和湿度量转换成容易被处理的电信号的设备或装置。

市场上的温湿度传感器一般是测量温度量和相对湿度量。

温湿度传感器可分为很多种类，常见的有风管式温湿度传感器、无线温湿度传感器和管道式温湿度传感器。本书中使用的是数字式无线温湿度传感器，如图1-16所示。

图1-16　数字式无线温湿度传感器SHT10

无线温湿度传感器主要用于探测室内、室外

的温湿度。虽然绝大多数空调都有温度探测功能，但由于空调的体积限制，它只能探测到空调出风口附近的温度，这也正是很多消费者感觉其温度不准的重要原因。有了无线温湿度探测器，就可以准确地知道室内的温湿度，其现实意义在于当室内温度过高或过低时能够提前启动空调来调节温度，比如，当用户在回家的路上，家中的无线温湿度传感器探测出房间温度过高则会启动空调自动降温，回到家时，家中已经是一个适合的温度了。

另外，无线温湿度传感器对于用户早晨出门也有特别的意义。在空调房间时，对户外的温度是没有感觉的，这时候装在墙壁外的温湿度传感器就可以发挥作用，告诉用户现在户外的实时温度，根据这个准确温度就可以确定自己的穿着了，而不会出现出门后才发现穿多或者穿少的尴尬了。

（6）PM2.5传感器

作为环境监测中很重要的一环，PM2.5传感器必须要强大的技术力量作为支撑，它在智能家居系统中发挥着独到的作用，一方面它可以联动物联网传感智能家居系统中的声光报警器进行报警，一旦检测到PM2.5的值超标，报警器就可以自动报警到软件里，用户可以随时随地了解空气质量，除此之外，它可以联动新风系统、空调等设备对所检测的区域及时进行通风换气，让消费者的生活远离尘埃，每天都能生活在新鲜的空气之中，让健康得到保证。

如图1-17所示为激光PM2.5传感器，它采用激光散射的原理：当激光照射到通过检测位置的颗粒物时会产生微弱的光散射，在特定方向上的光散射信号波形与颗粒直径有关，通过不同粒径的波形分类统计及换算公式可以得到不同粒径的实时颗粒物的数量浓度，按照标定方法得到与官方单位统一的质量浓度。

图1-17 激光PM2.5传感器

（7）气压传感器

气压传感器是主要用于测量气体绝对压强的转换装置，可用于血压、风压、管道气体等方面的压力测量。它的性能稳定可靠，主要适用于与气体压强相关的物理实验，如气体定律等，也可以在生物和化学实验中测量干燥、无腐蚀性的气体压强。

空气压缩机的气压传感器主要由薄膜、顶针和一个柔性电阻器来完成对气压的检测与转换功能。薄膜对气压强弱的变化非常敏感，一旦感受到气压的变化就会发生变形并且带动顶针动作，这一系列动作将改变柔性电阻的电阻值，将气压的变化转换为电阻阻值的变化以电信号的形式表现出来，之后对该电信号进行相应处理并输出给计算机呈现出来。

还有一些气压传感器利用变容式硅膜盒来完成对气压的检测。当气压发生变化时引发变容式硅膜盒发生形变并带动硅膜盒内平行板电容器电容量的变化，从而将气压变化以电信号的形式输出，经相应处理后传送到计算机得以展现。

如图1-18所示为两种常见的气压传感器。

图1-18 气压传感器

1.3.2 常用无线通信网络技术介绍

（1）ZigBee技术

1）ZigBee简介。ZigBee又称紫蜂协议，名称来源于蜜蜂的舞蹈，由于蜜蜂（Bee）是靠飞翔和“嗡嗡”（Zig）地抖动翅膀的“舞蹈”来与同伴传递花粉所在的方位信息，也就是说蜜蜂依靠这样的方式构成了群体中的通信网络。蜂群里蜜蜂的数量非常多，所需食物不多，与设计初衷十分吻合，故命名为ZigBee。

ZigBee是一种标准，这个标准定义了短距离、低传输速率无线通信所需要的一系列通信协议。主要适合用于自动控制和远程控制领域，可以嵌入各种设备。简而言之，ZigBee就是一种便宜的、低功耗的近距离无线组网通信技术，主要适合用于自动控制和远程控制领域，可以嵌入各种设备。

2）ZigBee技术发展。ZigBee的发展基础是IEEE 802.15.4标准，它是一种新型的短距、低速、低功耗的无线通信技术，其前身是Intel、IBM等产业巨头发起的“HomeRF Lite”无线技术。

负责起草IEEE 802.15.4标准的工作组于2000年成立，2002年美国摩托罗拉（Motorola）公司、英国Invensys公司、荷兰菲利普斯（Philips）公司、日本三菱电器公司等发起成立了ZigBee联盟。到目前为止，ZigBee联盟已有200多家成员企业，而且还在持续壮大中。这些企业包括半导体生产商、IP服务提供商以及消费类电子厂商等，而这些公司都参加了IEEE 802.15.4工作组，为ZigBee物理和媒体控制层技术标准的建立做出了贡献。

2004年，ZigBee 1.0（又称ZigBee 2004）诞生，它是ZigBee的第一个规范，这使得ZigBee有了自己的发展基本标准，但是由于推出比较仓促而存在很多问题，因此在2006年进行了标准的修订，推出了ZigBee 1.1（又称ZigBee 2006），但是该协议与ZigBee 1.0是不兼容的。ZigBee 1.1相较于ZigBee 1.0做了很多修改，但是ZigBee 1.1仍无法达到最初的设想，于是在2007年再次修订（称为ZigBee 2007/PRO），能够兼容之前的ZigBee 2006，并且加入了ZigBee PRO部分。此时ZigBee联盟更专注于以下三种应用类型的拓展：家庭自动化（Home Automation，HA）、建筑/商业大楼自动化（Building Automation，BA）以及先进抄表基础建设（Advanced Meter Infrastructure，AMI）。

3）ZigBee技术特点。① ZigBee是一种短距离、低功耗、低数据速率、低成本、低复杂度的无线网络技术。② ZigBee采取了IEEE 802.15.4强有力的无线物理层所规定的全部优点：省电、简单、成本低；ZigBee增加了逻辑网络、网络安全和应用层。③ ZigBee的主要应用领域包括无线数据采集、无线工业控制、消费性电子设备、汽车自动化、家庭和楼宇自动化、医用设备控制、远程网络控制等场合。

4）ZigBee网络拓扑。首先介绍ZigBee的设备类型：协调器（Coordinator）、路由器（Router）以及终端设备（End Device）。

协调器：协调器是一个ZigBee网络的第一个开始的设备或者说是一个ZigBee网络的启动或者建立网络的设备。协调器节点须选择一个信道和唯一的网络标识符（PAN ID），然后开始组建一个网络。协调器设备在网络中还有其他作用，比如建立安全机制、网络中的绑定等。

路由器：须具备数据存储和转发能力以及路由发现的能力。除完成应用任务外，路由器还必须支持其子设备连接、数据转发、路由表维护等功能。

终端设备：结构和功能是最简单的，采用电池供电，大部分时间都处于睡眠状态以节约电量、延长电池的使用寿命。

ZigBee支持包含主从设备的星形、树形和网状网络拓扑，每个网络中都会存在一个唯一的协调器，它相当于有线局域网中的服务器，对本网络进行管理，如图1-19所示。

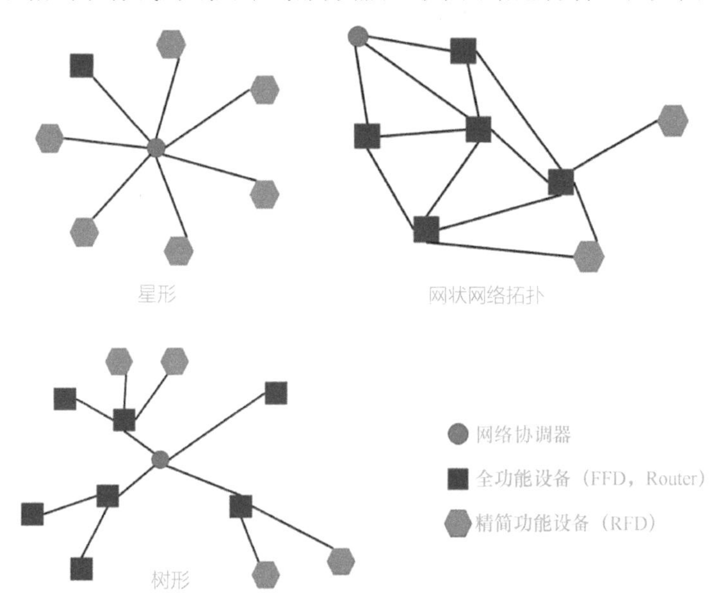

图1-19 ZigBee网络拓扑图

ZigBee以独立的节点为依托，通过无线通信组成星形、树形或网状网络，因此不同的节点功能可能不同。为了降低成本就出现了全功能设备（Full Function Device，FFD）和半功能设备（Reduced Function Device，RFD）。FFD支持所有的网络拓扑，在网络中可以充当任何设备（协调器、路由器及终端节点）而且可以与所有的设备进行通信，而

RFD在网络中只能作为子节点不能有自己的子节点（即只能作为终端节点），而且其只能与自己的父节点通信，RFD功能是FFD功能的子集。

ZigBee作为一种新兴的近距离、低功耗、低复杂度、低数据速率、低成本的无线网络技术，有效弥补了低成本、低功耗和低速率无线通信市场的空缺，它成功的关键在于丰富而便捷的应用，而不是技术本身。有理由相信，在不远的将来将有越来越多的内置ZigBee功能的设备进入人们的生活，并将极大地改善人们的生活方式和体验。

从IEEE 802.15.4到ZigBee不难发现，这些标准的目的就是希望以低价切入产业自动化控制、机电控制、能源监控、照明系统管控、家庭安全和RF（Radio Frequency，射频）遥控等领域传递少量信息，例如，控制（Control）或是事件（Event）的资料传递，都是ZigBee容易发挥优势的应用场合。

5）ZigBee应用案例。

① 智能家居中的应用。伴随着ZigBee以及物联网的发展，智能家居也越来越成熟。海尔U-home智能家居，如图1-20所示，就是成功的案例之一。海尔智能家居是海尔集团在信息化时代推出的一个重要业务单元，它以U-home系统为平台，采用有线与无线网络相结合的方式，把所有设备通过信息传感设备与网络链接，从而实现"家庭小网""社区中网""世界大网"的物物互联，并通过物联网实现了3C产品、智能家居系统、安防系统等智能化识别、管理以及数字媒体信息的共享。海尔U-home系统是一种完全基于TCP/IP的智能化家庭网络系统，采用世界先进的高科技数字技术、计算机技术、网络技术、通信技术、交换技术、综合布线技术、光学技术等，控制上采用先进的总线技术、无线射频技术实现了对家庭网络设备的控制。海尔智能家居使用户在世界的任何角落、任何时间，均可通过打电话、发短信、上网等方式与家中的电器设备互动。畅享"安全、便利、舒适、愉悦"的高品质生活。对海尔智能家居生活的描述是这样的："身在外，家就在身边；回到家，世界就在眼前"。

图1-20　U-home智能家居

传感器将在U-home智能家居系统中采集的信息如温度、湿度、光照度等通过ZigBee无线通信上传到网关中，即传感器将采集到的实时信息打包通过ZigBee协议栈发送给协调器，协调器获取到数据包后进行解析，然后发送给网关。ZigBee无线通信使整个智能家居里的布局更加简洁、方便，使设备的成本降低、功耗降低。

② 数字油田中的应用。基于ZigBee技术的油井监测系统，采用大量传感器无线组网。如图1-21所示，油井工作状态传感器主要有温度传感器、电压传感器、电机电流传感器、被监控开关断/合传感器、载荷传感器、角位移传感器、监控器、电量传感器等，它们将油井的工作状态变换成对应的电压或电流值通过ZigBee通信模块送至采油场监控中心。

图1-21 数字油田

数字油田完全摒弃了传统的单一使用有线、数字电台监控油井的方法，设备费用投入大、运营成本高、维护难度大的问题得到彻底的解决，实现油井井场内无线化，大大提高了系统的稳定性。

③ 路灯监控中的应用。ZigBee模块嵌入在路灯监控终端内的控制器中，获取的数据直接通过2.4GHz频率的ZigBee网络发送到ZigBee网关，ZigBee网关通过3G/4G网络把数据传送到远程管理中心进行存储、统计、分析，帮助管理决策，如图1-22所示。

ZigBee技术是一种新兴的短距离、低功耗无线网络传输技术，基于ZigBee技术的路灯远程监控系统已经得到了广泛的应用，也获得了很好的效果，不仅对路灯控制进行了优化，而且实现了节电节能，给智慧城市添了一把力。

④ 医疗监测应用。生命体征监测设备由加速度计、陀螺仪、磁性传感器、皮电、温度、血压等各种传感器组成。实时监测采集心率、呼吸、血压、心电、核心体温、身体姿势、位移等多种身体特征参数。生命体征检测设备内置ZigBee模块，病人数据可实时记录，最终通过无线传输到终端或者工作站实现远程监控，如图1-23所示。

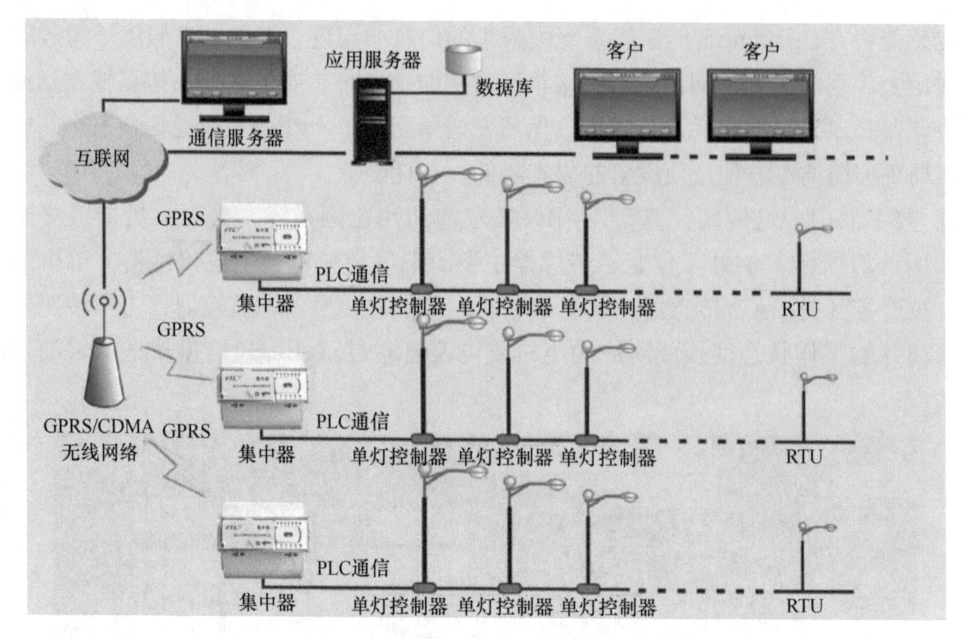

图1-22 路灯监控

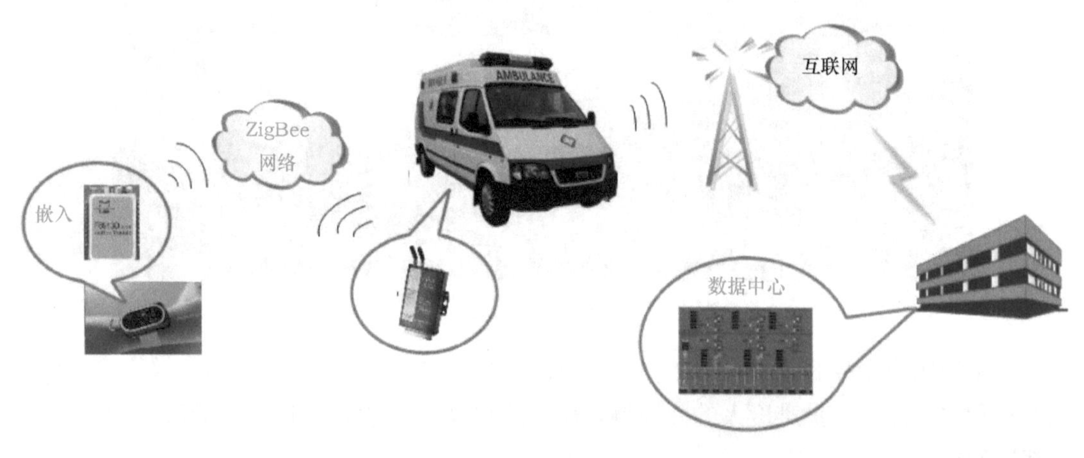

图1-23 医疗监测

救护车在去往医院的途中，可以通过无线通信技术获取实时的病人信息，同时还可以实现远程诊断与初级看护，从而大幅度缩减救援的响应时间，为进一步抢救病人赢得宝贵的时间。

（2）Wi-Fi

1）Wi-Fi简介。1999年，各大厂商为了统一兼容802.11标准的设备而结成了一个标准联盟，称为Wi-Fi Alliance，而Wi-Fi这个名词也是他们为了能够更广泛地为人们接受而创造出的一个商标类名词，也有人把它称作“无线保真”。

Wi-Fi实际上为制定802.11无线网络的组织，并不代表无线网络。但是后来人们逐渐习惯用Wi-Fi来称呼802.11b协议。它最大的优点就是传输速度较高，另外它的有效距离也很长，同时也与已有的各种802.11 DSSS（Direct Sequence Spread Spectrum，直接序列扩频）设备兼容。笔记本计算机上的迅驰技术就是基于该标准的。目前无线局域网（WLAN）主流采用802.11协议，故常直接称为Wi-Fi网络。

2）Wi-Fi技术的特点。① 组网简便。无线局域网的组建在硬件设备上与有线相比更加简洁方便，而且目前支持无线局域网的设备已经在市场上得到了较广泛的普及，不同品牌的接入点（Access Point，AP）以及客户网络接口之间在基本的服务层面上都是可以实现相互操作的。WLAN的规划可以随着用户的增加逐步扩展，在初期根据用户的需要布置少量的点。当用户数量增加时，只需再增加几个AP设备，而不需要重新布线。全球统一的Wi-Fi标准使其不同于蜂窝载波技术，同一个Wi-Fi用户可以在世界各国使用无线局域网服务。② 业务可集成性。由于Wi-Fi技术在结构上与以太网完全相同，所以能够将WLAN集成到已有的宽带网络中，也能将已有的宽带业务应用到WLAN中。这样，就可以利用已有的宽带有线接入资源迅速地部署WLAN网络，形成无缝覆盖。③ 完全开放的频率使用段。无线局域网使用的是全球开放的频率使用段，用户端不需要任何许可就可以自由使用该频段上的服务。

3）Wi-Fi应用。Wi-Fi和蓝牙一样同属于短距离无线通信技术。Wi-Fi速率最高可达11Mbit/s。虽然在数据安全性方面比蓝牙技术要差一点，但在电波的覆盖范围方面却略胜一筹，可达100m左右，不用说家庭、办公室，即使是小一点的整栋大楼也可以使用。图1-24所示为Wi-Fi技术应用结构图。

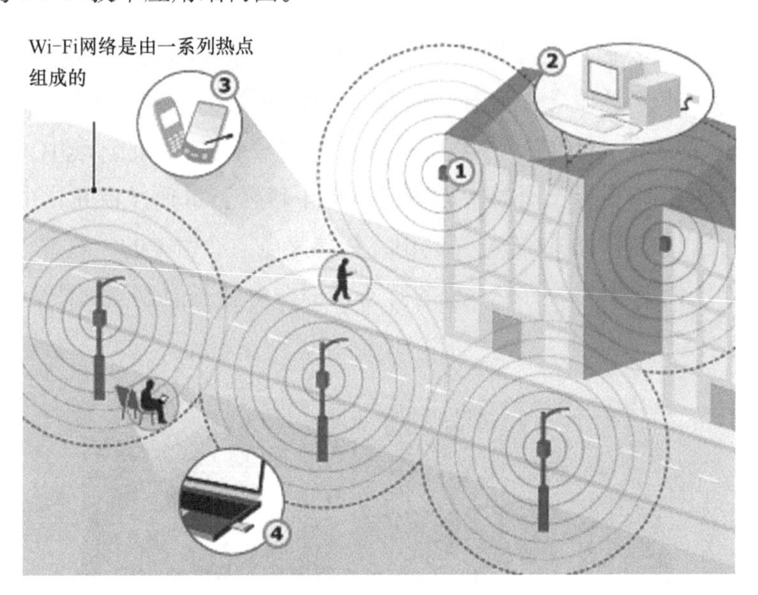

图1-24 Wi-Fi技术应用结构图

如今的智能手机大多数都带有Wi-Fi无线上网功能，使用Wi-Fi上网可以节约不少流量。使用计算机无线上网的用户对无线路由器很清楚，对于智能手机来说也要用无线路由器来连接互联网，打开智能手机的无线网络，在手机设置中找到所使用的Wi-Fi名称，输入相应的密码让手机与Wi-Fi相连，连上后就能移动上网了，如图1-25所示。

图1-25 智能手机通过Wi-Fi上网

4）Wi-Fi应用案例。2016年11月30日，由中粮地产举办的“遇见·未来—— 未来生活家联盟启动仪式暨京西祥云发布会”在中粮祥云小镇隆重举行。未来家庭中各种设备要联在一起，并进一步放大到社区，甚至把人和服务联接起来，华为提供的技术就是搭建这样的一个基础联接平台。通过这个平台来聚集更多的伙伴，让各行业的伙伴发挥在各自领域的特长和优势，最终一起为消费者提供统一的更好的生活体验。华为搭建的这个基础联接平台称为“华为HiLink智能家居解决方案”，该方案主要包括6个关键要素，其中，最关键的要素是华为HiLink智能路由器。因为，智能家居时代，智能产品可能存在于家庭中的每个角落，然而传统单路由方案无法做到全覆盖，没有好的覆盖，智能家居则是空谈。为此，华为提出了“家庭分布式Wi-Fi”的概念，跳出“大功率，强辐射”的思路，开辟了“小功率，低辐射，均匀广覆盖”的思路，让所有智能家居设备处在信号平稳均匀的环境中。

目前，华为HiLink智能家居解决方案已落地中粮祥云系列样板间，主要承接“健康智能”的生活社区中“智”的这部分。其中，智能家电主要由美的、欧普、杜亚、鸿雁等数十家核心合作伙伴提供。相信在不久的将来，消费者就将能享受到华为HiLink智能家居，如图1-26所示。

图1-26 HiLink智能家居

华为的HiLink系统在整个祥云项目中落地，不仅体现在智能家居中，还在公共环节体现，实际上是智慧社区的概念。人们谈未来社区是有未来感的一个社区，相信中粮与华为的合作一定会为大家带来切身的感受。

家，发展至今，已经不再局限于建筑领域，而是各产业共同交织而成的产物。也正是基于此，中粮置地北京公司联合华为等各行业领先品牌及创新先驱者，成立“未来生活家联盟”，以期共同思考和探讨关于未来生活的种种可能。与中粮合作的样板间是华为HiLink智能家居解决方案在地产渠道落地的第一个样板间。未来华为和中粮还将围绕消费者的生活服务维度，结合中粮所涉足的其他产业链、服务链版块，不断探索新的合作契机，如智能物流管理、智能场景应用等。

（3）Bluetooth

1）Bluetooth简介。蓝牙（Bluetooth）是一种无线技术标准，可实现固定设备、移动设备和楼宇个人域网之间的短距离数据交换，使用2.4～2.485GHz的ISM（Industrial Scientific Medical Band，工业科学和医学波段）的UHF（Ultra High Frequency，特高频）无线电波。

“蓝牙”一词是斯堪的纳维亚语中Blåtand / Blåtann（即古挪威语blátǫnn）的一个英语化版本，该词是十世纪的一位国王Harald Bluetooth的绰号，他将纷争不断的丹麦部落统一为一个王国。以此为蓝牙命名的想法最初是Jim Kardach于1997年提出的，Kardach开发了能够允许移动电话与计算机通信的系统。他的灵感来自于当时他正在阅读的一本由Frans G. Bengtsson撰写的描写北欧海盗和Harald Bluetooth国王的历史小说《The Long Ships》，意指蓝牙也将把通信协议统一为全球标准。

蓝牙技术最初由电信巨头爱立信公司于1994年开发。1997年，爱立信与其他设备生产商联系，并激发了他们对该项技术的浓厚兴趣。1998年2月，5个跨国大公司包括爱立信、诺基亚、IBM、东芝及Intel组成了一个特殊兴趣小组（Special Interest Group，SIG），他们共同的目标是建立一个全球性的小范围无线通信技术，即现在的蓝牙。

蓝牙这个标志的设计取自Harald Bluetooth名字中的“H”和“B”两个字母，用古北欧字母来表示，将这两者结合起来，就成了蓝牙的Logo，如图1-27所示。

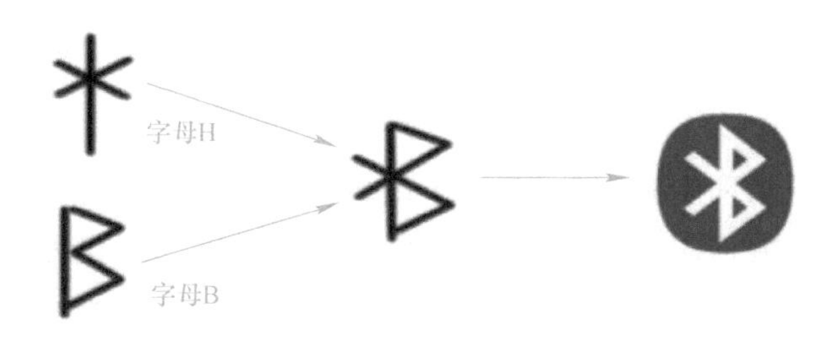

图1-27　蓝牙Logo的由来

2）蓝牙的技术特性。蓝牙技术提供低成本、近距离无线通信，构成了固定与移动设备通信环境中的个人网络，实现近距离内各种设备无缝资源共享。可见这种通信技术与传统的通信模式有明显的区别，它最初的目的是希望以相同的成本和安全性实现一般电缆的功能，从而使移动用户摆脱电缆的束缚。蓝牙技术具备以下技术特性：① 能传送语音和数据。② 使用公共频段，无需申请许可证。③ 低成本、低辐射和低功耗。④ 安全性较高。⑤ 支持点对点及点对多点通信。⑥ 抗干扰，保证传输的稳定性。

3）蓝牙的应用。蓝牙的具体实施依赖于应用软件、蓝牙存储栈、硬件及天线4个部分，适用于包含任何数据、图像、声音等短距离的通信场合。蓝牙技术可以代替蜂窝电话和远端网络之间通信时所用到的有线电缆，提供新的多功能耳机，从而在蜂窝电话、PC甚至随身听等设备中使用，也可用于笔记本计算机、个人数字助理、蜂窝电话等设备之间的名片数据交换。协议可以固化为一个芯片，可安装在各种智能终端中。如图1-28所示为蓝牙传输信号的过程。

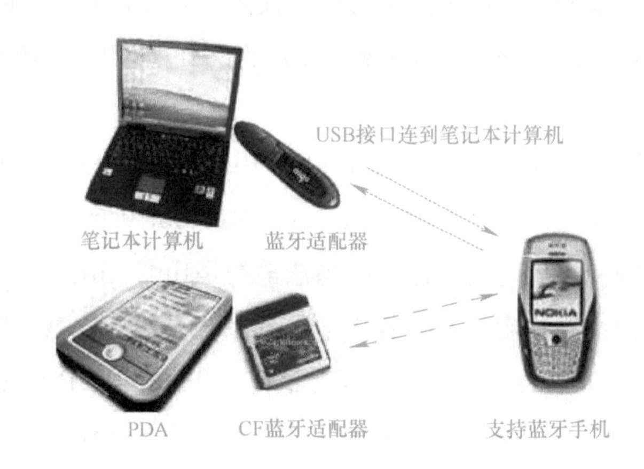

图1-28　蓝牙传输信号过程

4）蓝牙应用案例。

① 智能门禁。门禁指“门”的禁止权限，是对“门”的戒备防范。这里的“门”广义来说包括能够通行的各种通道，包括人通行的门、车辆通行的门等。因此，门禁就包括了车辆门禁。在车场管理应用中，车辆门禁是车辆管理的一种重要手段。在数字网络技术飞速发展的今天，门禁技术得到了迅猛的发展，早已超越了单纯的门道及钥匙管理，已经逐渐发展成为一套完整的出入管理系统。它在工作环境安全、人事考勤管理等行政管理工作中发挥着巨大的作用。

门禁系统又称出入管理控制系统（Access Control System），是一种管理人员进出的智能化管理系统，也就是管理什么人什么时间可以进出哪些门，并提供事后的查询报表等。常见的传统门禁系统有密码门禁系统、非接触卡门禁系统、指纹虹膜掌型生物识别门禁系统及人脸识别门禁考勤系统等。门禁系统近几年发展得很快，被广泛应用于管理控制系统中。

利用蓝牙低功耗技术实现的MyBeacon智能门禁识别，具有安装简单、耗电低、环保低碳、无须中间环节的特点。传统门禁系统用的最多的场景是采用13.56MHz RFID技术来刷卡开门，相关人员需要随身携带刷卡的卡片或其他身份识别设备。MyBeacon智能识别门禁系统只需将一个手掌大小的蓝牙基站放在门上或车辆进出口的闸机位置，用户只要将手机随身携带即可实现人走近时自动开门，不合法人员靠近则无反应。同时基站会把来人进入信息发送到服务器，以实现签到和人员进出记录，方便考勤和出现失窃时的排查。

② 蓝牙智能开关。随着科学技术的不断进步，如今的智能家居已经不是传统意义上的智能家居。在现代城市中，智能设备和家居生活的高效对接，已经是智能家居的新模式。蓝牙智能开关，如图1-29所示，这是典型的代表。那么蓝牙智能开关与普通开关相比有什么特别之处呢?

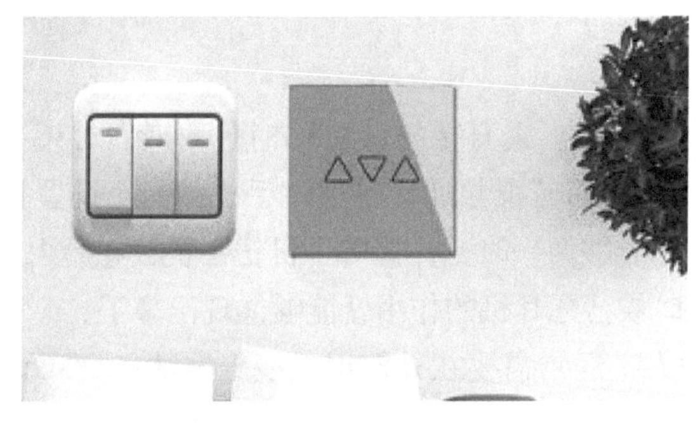

图1-29 蓝牙智能开关

蓝牙智能开关的特别之处：a）所见即所得，智能开关采用了图标+文字按键的显示方式，一个键开一个灯，一目了然，再也不会按错了。b）异位控制，在卧房里控制客厅的灯，在客厅里控制卫生间的灯，想在哪里控制就在哪里控制，特别方便。c）智能时代，要用智能手机，蓝牙智能开关可以安装在家里任何地方，只要打开手机就可以控制家里的任何开关，受到年轻人的喜爱。d）更安全的智能开关，智能开关一般采用强弱电分离设计，用继电器代替原来的直接物理触板，与手指接触的部分为12V的弱电，安全性比传统开关好。

蓝牙智能开关借助专用APP使用手机进行控制。从厨房、客厅到卧室、卫生间，所有灯具开关用户都可以通过手机自由掌控；用户还可以命令它，打开或关闭。

现在越来越多的家庭用品开始向智能化转变，蓝牙智能开关的出现，让人们的生活更加方便，给了人们更加愉悦的生活体验，是非常值得拥有的。

③ 蓝牙技术在3G技术中的应用。目前人们日常生活中听到过的蓝牙最为广泛的应用当属蓝牙耳机了，如图1-30所示。曾经蓝牙耳机是作为一项高科技出现在人们的视线当中的，当时带有蓝牙功能的手机也寥寥无几，而且价格并不能被广大消费者所接受。而今，纵观手机市场，几乎70%的手机都具有了蓝牙功能，著名的手机厂商甚至在部分低端低价手机上也加入了蓝牙功能。蓝牙已经普及到了人们的生活当中。蓝牙耳机的价格也已经到了大众所能够消费的水准。

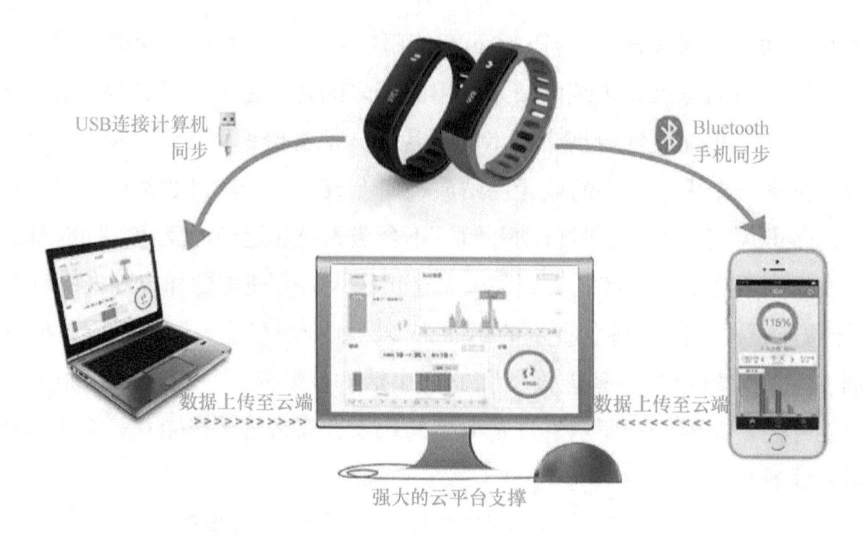

图1-30　蓝牙技术的应用

为什么说3G与蓝牙有关呢？最直接的，在3G时代，人们对3G手机最初的认识就是知道3G手机有视频通话功能，而其视频通话是通过手机的一个前置摄像头来实现的，那么要进行视频通话自然就不能够像平时一样握着手机把手机放在脸上进行通话了，而只能够通过免提耳机进行。这时候蓝牙耳机的作用就能够体现出来了。

现在也有很多商务人士经常需要在外使用无线上网功能。5G时代到来后，这一应用人群势必更加扩大，专用的笔记本计算机上网卡价格不低，而人们现在所使用的手机几乎都带有无线调制解调器功能，所需要的只是通过数据线或是蓝牙连接到计算机便能够使用，当然数据线还需要相应的驱动程序。蓝牙就没这个麻烦了，只要计算机具有蓝牙功能或者是自己安装了蓝牙适配器，那么直接与手机配对设置就能够通过手机来无线接入互联网，随时随地，不受任何限制。

习题1-3

1）说一说自己身边常用的传感器都有哪些？

2）以智能手机为例，说明其中都集成了哪些无线通信模块和传感器？

3）查阅资料，了解其他无线传感网技术，如RFID技术、NFC技术、NB-IoT技术（基于蜂窝的窄带物联网技术）等。

1.4 典型智能家居案例

1.4.1 典型智能家居案例呈现

案例一：“未来之家”

2010年，一幢未来生态城的样板楼已经矗立在上海崇明陈家镇：屋顶上的太阳能装置一年可发电约6万kW·h，楼外的风力发电装置一年能发电约4万kW·h；办公区的百叶窗会根据阳光强度自动调节角度，一旦办公区人员全部离开，灯光便会自动关闭；楼顶的通风塔依靠热压产生自然通风；厕所不但节水，还能分别回收大小便等。

下面，一同走进“未来之家”。

未来之家的入口，如图1-31所示。别小看这么一个简单的大门，它采用了掌纹识别技术作为钥匙。外表看起来普通的一大块磨砂玻璃门，竟然是个安全性极高的门禁系统。借助全手掌识别技术，要比单个指纹识别更加可靠。而且，这套门禁系统还融合了ID卡识别以及声音识别等技术，并且配置有来访者语音留言系统和安全系统，足可令主人居家高枕无忧。

智能光照和水分，如图1-32所示。别小看这些植物，它们采用了RFID芯片，可以提醒主人需要多少光照和水分。

图1-31 “未来之家”大门

图1-32 智能光照和水分

玄关里的这个小托盘也是暗藏玄机，主人把手机和手表放上去，会自动显示今天的温度、天气和日程安排等各种信息，如图1-33所示。

进门之后，墙壁上会自动显示欢迎信息，还有安防系统的状态、室内温度、能耗等各种信息，如图1-34所示。

图1-33 智能托盘

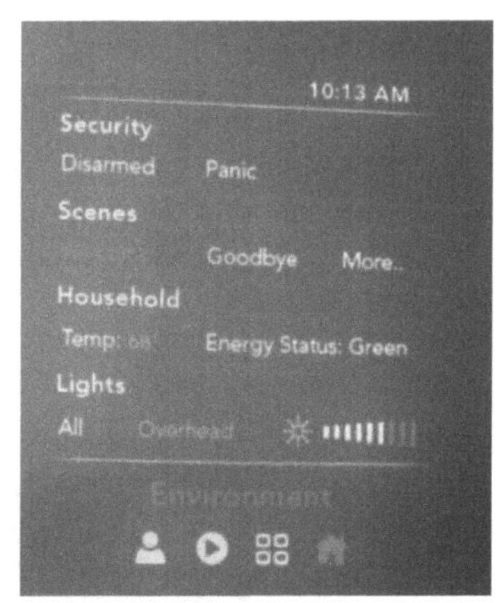

图1-34 智能墙壁

客厅里的OLED电视可以用手势进行远程操控，它有摄像头可以捕捉主人的手部运动。其设计理念与微软大受欢迎的Kinect体感游戏设备类似，如图1-35所示。

图1-35　智能OLED电视

智能厨房，如图1-36所示。看起来与普通厨房没什么不同，但是仔细看可没这么简单。

图1-36　智能厨房

厨房操作台上有一个小显示屏，用手触摸显示屏就会显示各种健康信息，如图1-37所示。

图1-37　智能厨房操作台

案例二：小米智能家居

小米产品理念："为发烧而生"。小米公司首创了用互联网模式开发手机操作系统发烧友参与开发改进的模式。小米公司是一家专注于智能产品自主研发的移动互联网公司。近年来，智能家居概念越来越普及，小米公司提出智能家居战略，以智能手机为中心，连接所有的设备，推动家电的智能化。为此小米做了3件事：做了通用控制中心；在手机上做了超级APP；做了通用智能模块，提供专业云服务系统，很容易实时备份到云上。

小米智能家居全套解决方案包括灯光、窗帘、空调、空气净化、地板清洁和安防，以"场景"的方式统一管理，从回家到离家，给住户带来全屋全天的舒适体验，如图1-38所示。

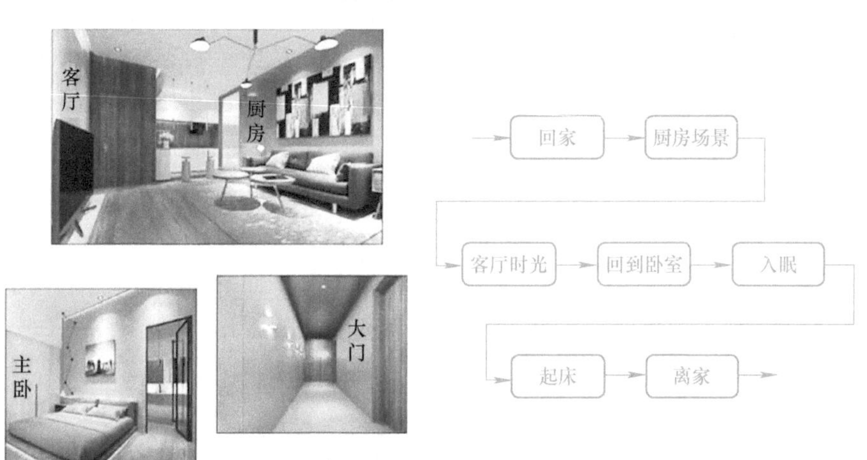

图1-38 小米智能家居全套解决方案

（1）回家场景

用户走到门口，按一下门口的无线开关，屋内门铃响起，把门打开，可以看到客厅的灯具、空气净化器、加湿器、风扇逐一自动开启，如图1-39所示。

图1-39 回家场景

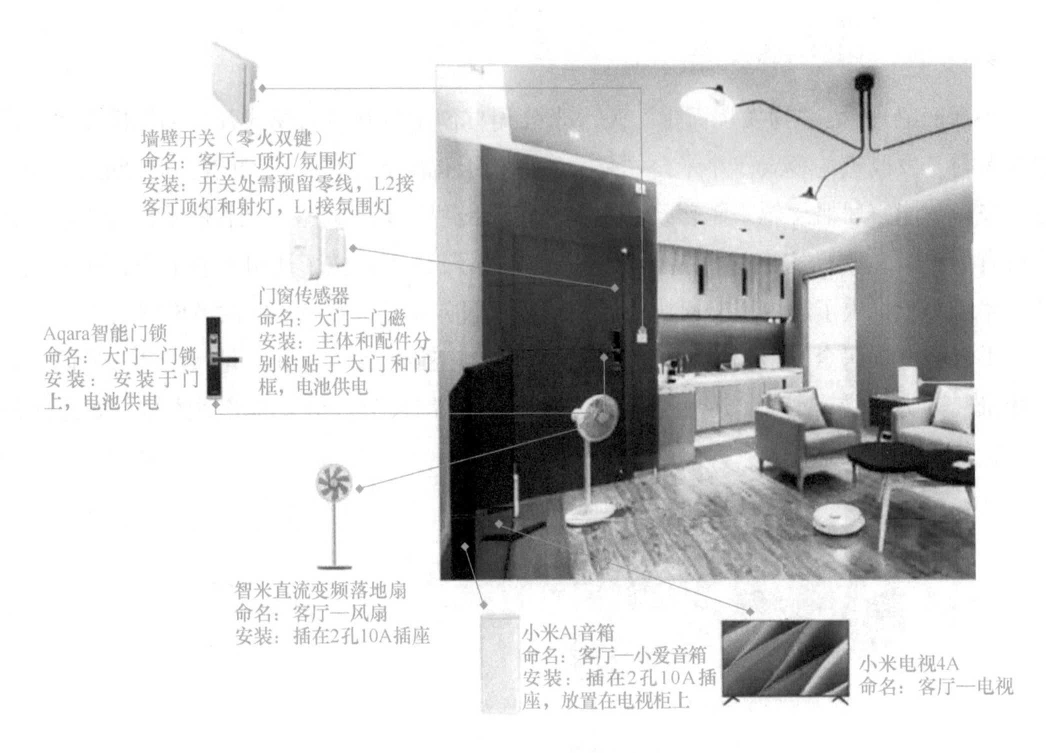
墙壁开关（零火双键）
命名：客厅—顶灯/氛围灯
安装：开关处需预留零线，L2接客厅顶灯和射灯，L1接氛围灯
门窗传感器
命名：大门—门磁
安装：主体和配件分别粘贴于大门和门框，电池供电
Aqara智能门锁
命名：大门—门锁
安装：安装于门上，电池供电
智米直流变频落地扇
命名：客厅—风扇
安装：插在2孔10A插座
小米AI音箱
命名：客厅—小爱音箱
安装：插在2孔10A插座，放置在电视柜上
小米电视4A
命名：客厅—电视

多功能网关
名称：客厅—网关
安装：预留5孔插座
米家空气净化器pro
命名：客厅—空气净化器
安装：插在2孔10A插孔
智米除菌加湿器
命名：客厅—加湿器
安装：插在2孔10A插孔
米家扫地机器人
命名：客厅—扫地机器人
安装：在墙角预留2孔10A插孔

图1-39　回家场景（续）

（2）厨房场景

用户回到家之后，开始忙着做饭。厨柜下面安装了一个人体传感器，随时为用户把灯打开。为什么厨房会装人体传感器？那是因为手本来就是脏的，用户在做饭时，难免会弄脏手，在厨房洗手时，如果触碰灯的开关，很容易造成二次污染。安装人体传感器后，用户到达洗手台的位置时灯会自己打开，洗完手不再需要用湿漉漉的手去关灯，直接走就行，2分钟后灯会自动关闭。

厨房区域有小米的三大安全护盾：米家天然气报警器、米家烟雾报警器、水浸传感器，在出现火灾苗头和漏水情况的时候，能实时本地和远程报警，为家中生命财产安全保驾护航。

做完饭用户在餐桌上用餐，不需要特地走到墙边按开关，因为在餐桌边也设置了随意贴的无线开关，小巧方便。在厨房把它作为灯控开关，可以和墙上的墙壁开关一起控制餐桌顶上的灯具，长按开关，就可以直接离开厨房而不用一个一个去关灯了，如图1-40所示。

图1-40 厨房场景

（3）客厅时光

用户吃完饭，回到客厅。客厅是除了卧室外人们使用频率最高的地方了。如何造就一个舒服又智能的客厅呢？比如像这样控制风扇："小爱同学，关闭电风扇"，或者像这样让它控制窗帘："小爱同学，关闭窗帘"一句话就可以完成操作。

全屋智能的好处是在用户需要做某件事的时候，所有的设备都跟着调整状态，像这样"小爱同学，影院模式"，整个房间就变成电影院了，又或者像这样"小爱同学，我要看书"。

除此之外，还有小米魔方六种切换方式，摇一摇，全开；翻转180°，全关；翻转90°，切换为阅读模式。这一切都掌握在用户的手中，如图1-41所示。

图1-41 客厅时光

（4）卧室模式

用户回到卧室之后，发现外面还有灯、窗帘、空气净化器、热水壶、电视机正在开着，这时候只需要对小爱说一句："小爱同学，我要待在卧室"，外面的设备就都关了。如果不太想说话，双击门口的无线开关也可以达到这个效果，如图1-42所示。

图1-42 卧室模式

（5）睡眠模式

用户如果准备睡觉，右键一键开启睡眠模式，卧室的灯具就会关闭，同时把空调打开。如果窗帘开着，也会把窗帘关上，为用户进入梦乡营造氛围，如图1-43所示。

图1-43　睡眠模式

当用户半夜起身时，人体传感器会感应用户的状态，开启小夜灯可以让用户安全离床，不用摸黑；用户回到床上2分钟后小夜灯会自动关闭。

（6）起床模式

配合全屋智能之后，在工作日的早晨，卧室氛围灯会打开，帮助用户清除睡意。然后小爱叫用户起床，用户和小爱说“小爱同学，早安”，窗帘会缓缓打开，卧室主灯也打开了，空调关闭，这时用户已经睡意全消，开始元气满满的一天。

起床之后进入洗手间，灯自动亮起，可以直接开始刷牙，里面是米家智能马桶，有自动加热功能，如厕时，坐在温度适宜的马桶圈，尤其是冬天，上厕所再也不需要“勇气”；如厕后，还可以打开清洗功能和按摩功能，如图1-44所示。

图1-44　起床模式

（7）离家场景

和小爱说一声“小爱同学，拜拜”，屋里的设备就都关闭了，扫地机器人开始出来打扫，比之前离家去上班的时间省了很多。离家模式还打开了家中的警戒，这个时候如果有人打开主卧的门，网关会响起报警音，同时还会推送消息到手机上进行通知。大门一侧的无线开关同样有手动开启“回家模式”和“离家模式”的功能，“回家模式”开启后警戒自动解除。

案例三：海尔U-home智能家居

正是凭借科技的持续创新引领，海尔智家智慧家可以“懂您所想，解您所需”，在家的不同空间为用户带来个性化、主动式、可成长的智慧场景体验。

（1）在厨房

海尔平嵌冰箱原创底部前置散热科技和离心变轨铰链，将冰箱散热缝隙从10cm缩小至2cm再到如今的0cm，实现了真正的家居一体化。

同时，冰箱还能联动体脂秤推荐菜谱，能联动烤箱一键烹饪从阿尔法鱼平台购买的预制菜，简单三步坐享各地美食。此外，用户还能享受到“买、存、备、做、娱、吃、洗、安”全流程服务，如图1-45所示。

图1-45　厨房

（2）在阳台

海尔“精华洗”洗衣机原创“精华直喷”科技，通过速溶预混生成3倍浓度的“精华液”，充分激活洗衣液活性成分，再通过“精华直喷”科技直接渗透衣物纤维，实现5倍浸润，迅速洗干净衣物，为用户带来洗后即穿新衣的体验。

同时，洗烘联动释放出的阳台空间还可以用来打造健身、养宠等区域，让用户享受多样休闲体验，如图1-46所示。

图1-46 阳台

（3）在卧室

海尔空调创新除菌自清洁科技，水、火、电三重除菌，为用户带来“空气除菌率99.9%”的洁净体验，空调空气都干净。

同时，睡眠检测仪能实时监测用户睡眠数据并联动空调调节温湿度，守护用户舒适体感，带来整夜好眠，如图1-47所示。

图1-47 卧室

（4）在浴室

海尔热水器原创密闭稳燃舱科技和一体化全密闭结构，无惧大风天气，全程水温恒定。

同时，热水器即开即洗，洗浴过程中还能让“魔镜”播放音乐，给用户泡温泉般的体验。此外，在浴室，用户还能感受“洗、漱、洁、存、用”全满足的体验，如图1-48所示。

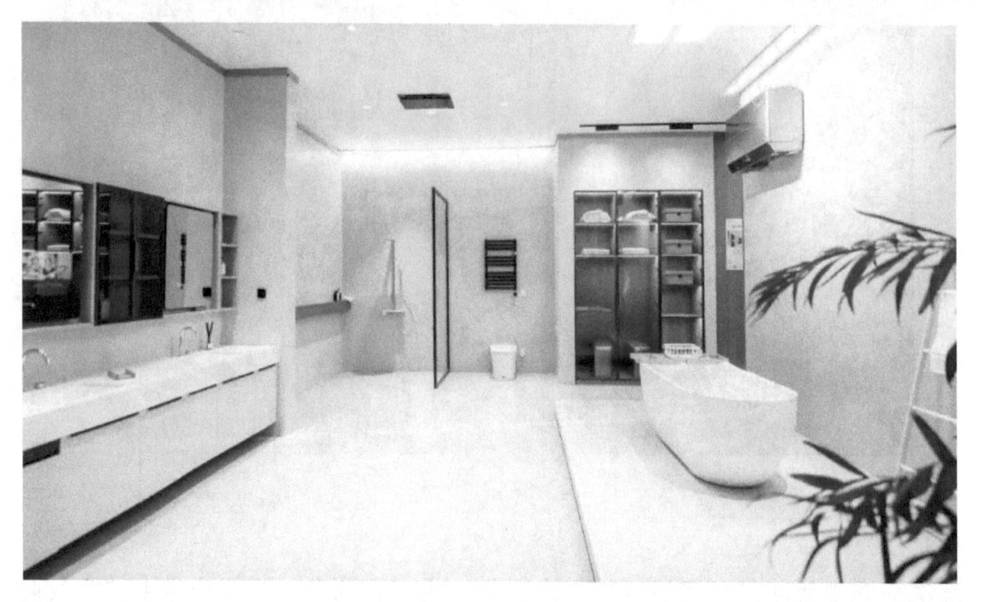

图1-48　浴室

1.4.2　典型智能家居案例总结

通过上述的3个案例可以看出，智能家居这个行业已经逐渐地迈向成熟，已经有成熟完备的技术来建立智能家居模拟样板体验间。可以从案例一的“未来之家”看出，各种尖端科技在家庭中的应用已经真正落地了，通过安装和布置各类传感器，可以非常直观地看到家里各种电器的使用情况、运行情况，还能收集到各种有用的环境参数，包括可以用3D虚拟现实技术来远程、无线控制家中的电器，甚至还有健康指数这些对人们的生活益处非凡的功能。

从案例二和案例三中也可以看到，许多国内的大品牌大企业也都在进行各自的智能家居部署和营销。由于智能家居涉及人们生活的方方面面，智能家居的产品也呈现出百花齐放的状态，有针对智能的情景模式控制的，有针对健康管理的，也有针对远程监控安防报警的，还有专门只针对一小方面的产品，比如，智能扫地机器人、智能灯、智能窗帘等。

不过，这些产品再怎么多样都离不开支撑它们的核心技术——无线传感器网络技术。所以本书就根据无线传感器网络的特性、传感器的种类和市场上大部分的智能家居产品，将整个智能家居系统分为了7个子系统来进行介绍和讲解，它们分别是：智能安防报警系统、RFID智能门禁系统、智能人体感应系统、智能烟雾报警系统、智能燃气报警系统、生活环境监测系统、智能采光系统。本书会按照从整个房间到室内，从安防到生活起居这样的顺序，来逐一讲解这7个系统。最后，还会有一个整体的总结，并提供综合性的实训，让学生在动手操作中加深对智能家居的整体了解和关键技术的掌握。

习题1-4

1）通过对智能家居案例的认识，想让自己未来的家拥有哪些智能的功能？

2）李先生现有一套高级住宅，是六层楼高的住宅中的三楼，房型为三室二厅二卫，房屋面积为150m^2，层高为2.5m。李先生现在希望能将他的这套住宅进行智能家居的改造。绘制出改造设计图（使用Visio软件或者AutoCAD软件），并提交整体设计方案。

3）查阅资料，说一说现在还有哪些著名的智能家居案例或者智能家居产品。

单元小结

1）由分布在检测区域内的大量廉价微型传感器节点组成并且通过无线通信的方式形成一个多跳的自组织的网络系统，称为无线传感器网络。

2）无线传感器网络是一个由很多各种类型且廉价的传感器节点（如，烟雾、人体红外、光照度、燃气、温湿度、PM2.5、气压等传感器）组成的无线自组织网络。

3）无线传感器网络具有以下特点：分布式拓扑结构；节点数量较多，网络密度较高；自组织特性。

4）烟雾传感器是通过监测烟雾的浓度来实现火灾防范的，常用的烟雾探测方式有离子感烟探测方式和光电感烟探测方式。

5）人体红外传感器是一种能检测人体发射的红外线的新型高灵敏度红外探测元件。

6）温湿度传感器可分为很多种类，常见的有风管式温湿度传感器、无线温湿度传感器、管道式温湿度传感器。

7）气压传感器主要是用于测量气体绝对压强的转换装置，可用于血压、风压、管道气体等方面的压力测量。

8）ZigBee又称紫蜂协议，名称来源于蜜蜂的舞蹈，由于蜜蜂（Bee）是靠飞翔和“嗡嗡”（Zig）地抖动翅膀的“舞蹈”来与同伴传递花粉所在方位的信息，也就是说蜜蜂依靠这样的方式构成了群体中的通信网络。ZigBee是一种标准，这个标准定义了短距离、低传输速率无线通信所需要的一系列通信协议。

9）ZigBee的设备类型：协调器（Coordinator）、路由器（Router）以及终端设备（End Device）。

10）Wi-Fi实际上为制定802.11无线网络协议的组织，并不代表无线网络。但是后来人们逐渐习惯用Wi-Fi来称呼802.11b协议。

11）蓝牙是一种无线技术标准，可实现固定设备、移动设备和楼宇个人域网之间的短距离数据交换（使用2.4～2.485GHz的ISM波段的UHF无线电波）。

12）智能家居的核心是智能家居控制系统。智能家居控制系统是智能家居控制功能实现的基础。

13）智能家居具有三大特点：第一，智能控制、使用便利；第二，安装简单、维护方便；第三，运行安全、管理可靠。

单元2

智能安防报警系统

学习目标

知识目标

- 了解人体红外传感器模块和蜂鸣器、求助按钮模块。
- 掌握人体红外传感器模块和蜂鸣器、求助按钮之间数据传递的过程。

能力目标

- 能进行人体红外传感器模块和蜂鸣器、求助按钮模块通信实训操作。
- 会搭建实训环境，能根据实训步骤完成智能安防报警系统实训。

素质目标

- 培养精益求精的工匠精神和团结协作的团队精神。
- 通过实训，树立安全意识和责任意识。

2.1 智能安防报警系统介绍

随着时代的发展，社会的进步，人们的生活质量也逐渐提高。在享受生活之余，家居安全成为人们非常关心的事情。要做好家庭安全防范，家庭智能报警系统是最合适的选择。

2.1.1 智能安防报警系统功能简介

智能安防报警系统如图2-1所示，可以对财产安全、人身安全等进行实时监控，发生火灾、入室盗窃、燃气泄漏和紧急求助等情况时，自动拨打用户设定的电话，及时向主人报告险情。

一套完善的智能家居安防报警系统可保障用户的生命财产安全。智能家居报警系统由家庭报警主机和各种传感器组成。传感器可分为门窗磁、燃气传感器、烟雾传感器、红外感应器和紧急求助按钮等。

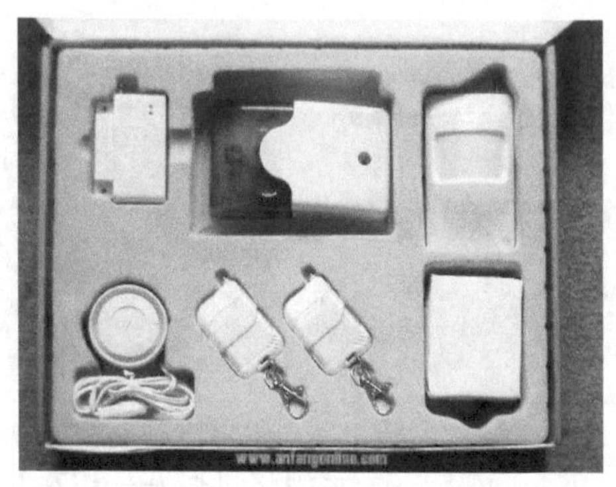

图2-1 智能安防报警系统

智能安防报警系统的报警功能

智能安防报警系统是和家庭的各种传感器、功能键、探测器及执行器共同构成家庭的安防系统。报警功能主要包括防火、防盗、燃气泄漏报警及紧急求助等功能。

1）紧急求助呼叫功能：安装在老人室内的报警控制器具有紧急呼叫功能，小区物业管理中心可对住户的紧急求助信号作出回应和救助，最大程度保障住宅用户的生命安全。

2）预设报警功能：智能安防报警系统可预设报警电话号码，如110、120、119等进行报警，并与小区实现联网。另外，还可通过预设发警报到住户的手机或指定电话上。

3）报警管理功能：当住户离开住宅的时候，设防进入离家模式即防盗报警状态，有效防止非法入侵。小区物业中心的管理系统可实时接收报警信号，自动显示报警住户号和报警类型，并自动进行系统信息存档。

4）报警及联动功能：通过安装在家中的门磁、窗磁，监测非法入侵。主人和小区警卫可通过安装在住户室内的报警控制器在小区管理中心得到信号从而快速接警处理。同时，报警联动控制可在室内发生报警信号，系统向外发出报警信息的同时，自动打开室内的照明灯光系统、启动蜂鸣器和报警灯等，这样可以给非法入侵者警告，从而达到吓退入侵者的目的。

5）设撤防联动控制：主人外出前启动安全防范系统的同时，系统可以联动切断某些家用电器的电源。例如，关闭照明系统，切断电视等家用电器的插座电源；主人回家时可调整恢复到正常，模式调整为撤防状态，部分照明灯自动打开，门磁、窗磁撤销工作状态，而室内烟雾探测器和厨房的可燃气体探测器仍在报警模式。

6）警情后控制处理：当家中有非法入侵者或者燃气泄漏等警情时，系统会自动拨打电话、发送短信或彩信、抓拍图片并发送电子邮件到指定用户手机。用户接收到警报后可以第一时间用手机监控家中的画面，并控制家中的家电、布防撤防等操作。

报警系统采用目前最常用的智能型控制网络技术，由计算机管理控制，实现对燃气、盗窃、火灾、匪情、紧急求助等意外事故的自动报警。

2.1.2 智能安防报警系统传感器

红外探测器是一款常见的安防产品，如图2-2所示。将红外探测器安装在门口、窗户的上方或旁边，当有人非法接近住宅时，报警系统就会给设定的手机、平板计算机等发送报警信息。它的探测广角范围是110°，上下90°，最远能探测到6～8m，既可以用普通的电池供电（可以使用两年以上），也可以外接12V的直流电源。

红外探测器按工作原理可以分为被动式红外探测器和主动式红外探测器。

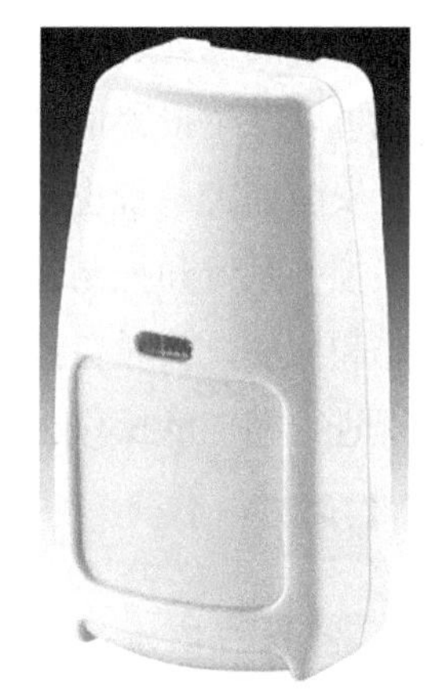

图2-2 人体红外探测器

被动式红外探测器

人体红外感应报警器使用的是被动式红外探测器。被动式红外探测器的优点如下：传感器不发任何类型的辐射信号，功耗很小，隐蔽性好，造价低。被动式红外探测器也有缺点：容易受各种热源、辐射源的干扰，穿透力差，人体的红外辐射容易被物体遮挡，不易被探测器接收，容易受到射频辐射的干扰，当人体的温度和现实环境的温度相差不大时，敏感度就会下降，有时会有失灵的现象。

主动式红外探测器

主动式红外探测器是利用光的直线传播特性来检测入侵的设备，由光发射器和光接收器两部分组成，接收器、发射器分别安装在门或者窗的两侧，在接收器、发射器之间形成一道光线警戒线，当入侵者触碰到这条警戒线时，阻挡了部分光线，接收器接收不到光信号的时候就会触发报警信号。

正常状态下，红外辐射光是可见光光谱之外的光源，入侵者不会发觉光线的存在。为了避免自然日光照射的干扰，通常采取以下两种技术措施：

1）在接收器的采光窗口上加滤色镜，过滤掉其他光线。

2）对发射的光线进行幅度（强度）调制处理，具体做法为发射器光源的发光器件选择红外线发光二极管，并且使用频率在1～10kHz范围内的调制信号对发射器光源的供电电源的电压或电流进行调制，使发光二极管发出的光线强度也按照调制信号的规律发生变化。在接收器中采用红外接收二极管接收光信号，采用带有协调回路放大功能的放大器对信号进行选频放大，这样其他的干扰信号就会被滤除。自然日光是没有经过任何调制的稳定的光线，接收二极管接收到自然日光后也会被滤除。

红外人体探测器的工作原理如下：人类是恒温动物，自身会发出波长10μm左右的红外线，这种人类自身发出的红外线就是被动式红外探测器工作的依据。通过菲涅尔滤光片增强后的红外线信号被聚集在红外感应源上。红外感应源一般采用热释电元件，在接收到人体辐射的红外线后会发生电荷失衡的现象，向外释放电荷。在电路中监测这种电荷变化后就可以发生报警信号。

安防监控系统也是智能家居中非常重要的部分，家庭住宅一般都有保安中心，各个安全监控子系统和控制设备都布置在保安中心，在这里能实时显示各个区域的传感器的报警状态和性质，实时监测，便于主机集中控制。当有警报发生时，家庭智能终端将根据具体情况进行相应的操作：警铃启动，联动报警。

回忆自己看过的科幻电影片段，如果有非法者入侵，则安防模式都会触发哪些功能？

2.2 智能安防报警系统应用

智能安防报警系统在智能家居中应用十分广泛，下面主要介绍智能安防报警系统的应用。

2.2.1 智能安防报警系统应用技术

智能视频分析技术在安防系统中的作用相当于一个报警探测器，与红外、电磁感应、烟感等探测器类似，为安防系统提供视频信息异常的报警信息。与其他探测器不同的是这是一个具有分析功能的探测器，利用计算机的高速运算功能和智能算法可以过滤掉大量的误报信息，从而可以大大提高报警信息的准确率。通过智能分析可以让报警信号的触发条件能够更加人性化和多样化，这样在用户的体验上能够更加智能化。

智能安防系统是利用智能视频分析技术提供的报警信息的安防系统，因为它有智能分析图像的识别特征，所以和安防系统中的监控系统结合最紧密。智能监控系统是智能安防系统中应用最广泛、最成熟的。在以后的智能分析技术中最主要的发展方向有两个，第一不断提高分析技术，从而能够得到更加丰富准确的报警信号；第二不断优化安防系统方案，充分利用智能分析技术的特点，在整个安防系统中应用更加灵活。

2.2.2 智能安防报警系统应用场景

1. 智能门锁

门是家庭出入的重要通道，一把门锁关系着整个家庭的安全。智能门锁如图2−3所示。它首先改变的是开锁方式，其次是安全性，它的安全系数要比传统门锁高得多。智能门锁的安全性主要表现在门锁的开锁、上锁、反锁的实时反馈、图片捕捉、反暴力破解等。

2. 门窗磁

门窗磁如图2-4所示。它同样负责窗户和门口的安全，不同的是，这些产品是主动型防御设备，可实时监测门窗磁的开关状态，一旦有异常情况发生，即便用户不在家也能通过手机收到相关的警告信息。

图2-3 智能门锁

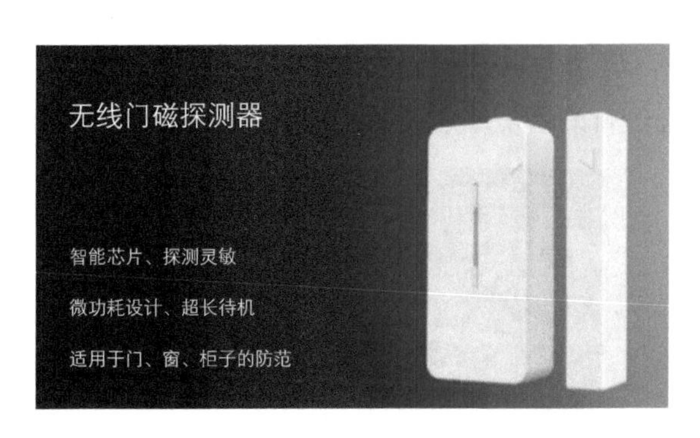

图2-4 门窗磁

3. 红外入侵探测器

红外入侵探测器如图2-5所示。它与门窗磁类似，都属于感应类探测器。但感应器探测的对象不同，门窗磁感应的是门窗自身的分离状态，负责一个点或面的安全，而红外入侵探测器探测是否有人体活动，负责一定的空间范围区域。另外，红外入侵探测器不仅可以实时监测异常情况并把警告信息发送给用户，而且具备本地报警的功能。

4. 智能摄像机

智能摄像机如图2-6所示。它是整个智能家居系统的可视化设备，在安全防护方面可以非常直观地反映出现场情况。目前，除了远程查看功能外，智能摄像机还具备自动扫描、双向语音通信、多用户视频分享、红外线夜视、高清回放和动态捕捉等功能。

图2-5 红外入侵探测器

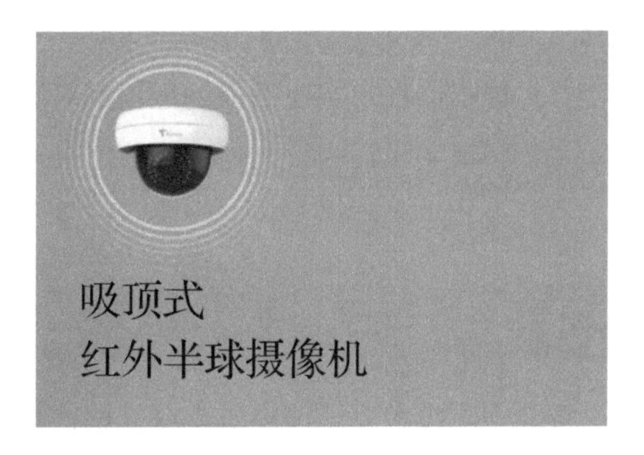

图2-6 智能摄像机

5. 烟雾探测器

烟雾探测器的作用是探测烟雾浓度，如图2-7所示。如果烟雾浓度超标则会进行本地蜂鸣器报警，同时向用户手机推送报警信息。随着多功能一体化设计的发展，烟雾探测器可以发展成为多功能的探测器，可以实时监测温湿度、光照度和噪声强度等。

6. 可燃气体泄漏探测器

可燃气体泄漏探测器如图2-8所示。它主要用于探测室内空气中的可燃气体浓度，一般都安装在厨房中，以防由于人为或其他原因造成可燃气体泄漏，造成不必要的损失。和现在流行的智能家居产品类似，可燃气体泄漏探测器的报警机制有本地端和移动端两种。

图2-7 烟雾探测器

图2-8 可燃气体泄漏探测器

7. 智能插座

智能插座如图2-9所示。它是智能家居中的一种基本电器设备，是用电设备与电源之间的桥梁，能够在两方面都加强安全防范：一是智能插座自身拥有安全保护机制，不会导致用户触电事故的发生；二是支持远程断电，当用电设备出现问题时，用户可及时通过智能终端切断电源，保护家电设备，保障用电安全。

图2-9 智能插座

习题2-2

1）蜂鸣器在现实生活中的应用都有哪些？

2）在现实生活中，常见的人体红外和求助按钮都有哪些应用？

2.3 智能安防报警系统实训1

智能安防报警系统能够对人身、财产安全等进行实时监控，当发生入室盗窃、紧急求助等情况时，系统自动拨打用户设定的电话，及时向主人报告险情，从而减少损失。智能安防报警系统所使用的主要装置是人体红外传感器和求助按钮蜂鸣器，本节的实训能够直观地展示出智能安防报警系统的工作原理和过程。

在进行实训之前先熟悉系统的开发环境，包括驱动程序安装、硬件测试和.hex文件烧写，便于后续每个系统实训的成功实现。

2.3.1　智能安防报警系统实训环境搭建

CC Debugger是一个主要用于Texas Instruments低功耗的射频片上系统的在线小型编程和仿真器，可以配合IAR 8051核心嵌入式平台软件进行调试和编程，也可以配合Texas Instruments的“SmartRF Studio”软件对无线模组进行调试。

CC Debugger支持所有射频片上系统，全面支持CC2530、CC2531、CC2430、CC2431、CC2510、CC2511、CC2520、CC1101、CC1110、CC1111等系列。

CC Debugger可以与7.51A或更高版本的IAR EW8051配合使用。

将CC Debugger的数据连接线插进计算机USB接口，在“计算机”上单击鼠标右键，在弹出的快捷菜单中选择“计算机管理”→“设备管理器”命令，可以看到在“其他设备”中新增一个有感叹号的硬件设备。

在该处单击鼠标右键，在弹出的快捷菜单中选择“更新驱动程序软件”命令，如图2-10所示。

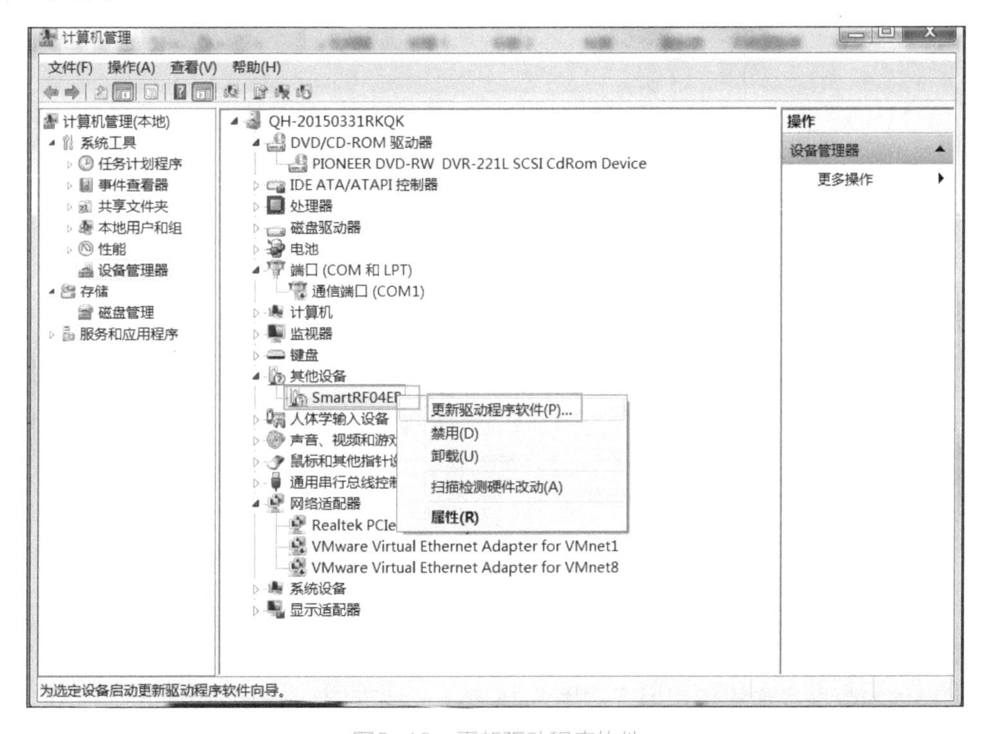

图2-10　更新驱动程序软件

手动选择驱动程序所在的路径，单击“浏览计算机以查找驱动程序软件”，如图2-11所示。

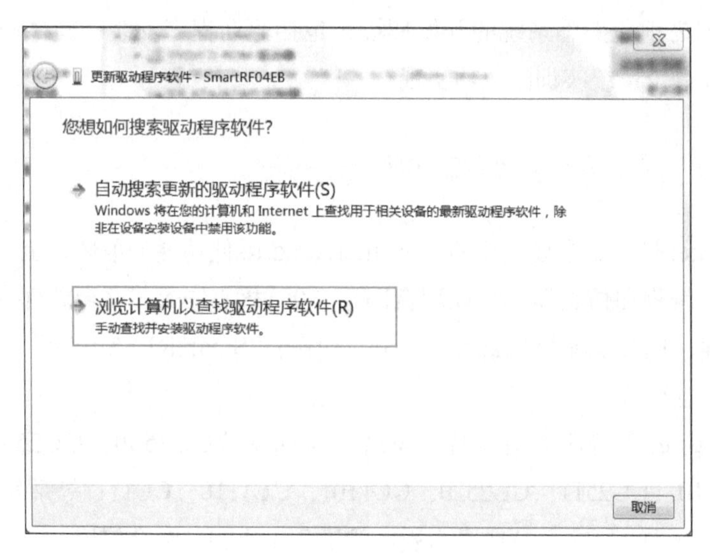

图2-11 查找驱动程序软件

在弹出的对话框中选择路径“C:\Program Files\IAR Systems\Embedded Workbench 6.0 Evaluation\8051\drivers\Texas Instruments”，如图2-12所示。

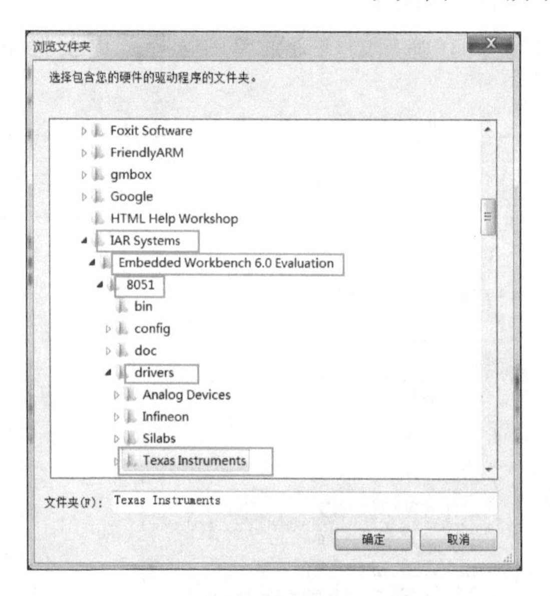

图2-12 选择驱动程序路径

单击“确定”按钮，安装完成后单击“关闭”按钮，如图2-13所示。重新拔插仿真器，在设备管理器里找到“SmartRF04EB”或“CC Debugger”，如图2-14和图2-15所示。如果能找到则说明驱动程序安装完成。

用提供的数据线连接仿真器，如图2-16所示。按下CC Debugger的“RESET”按键，RUN指示灯亮起，现在就可以进行下一步实训了。

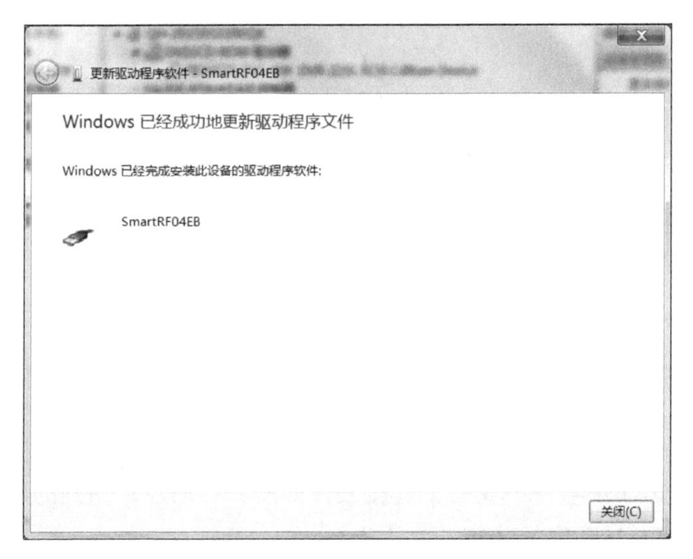

图2-13 完成安装驱动程序

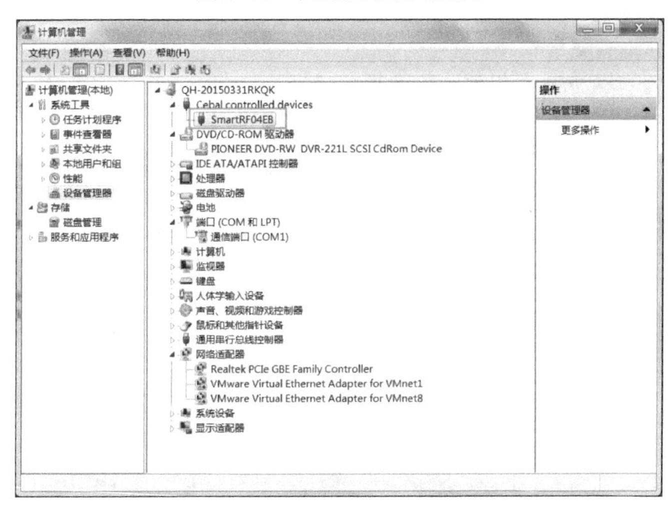

图2-14 找到“SmartRF04EB”

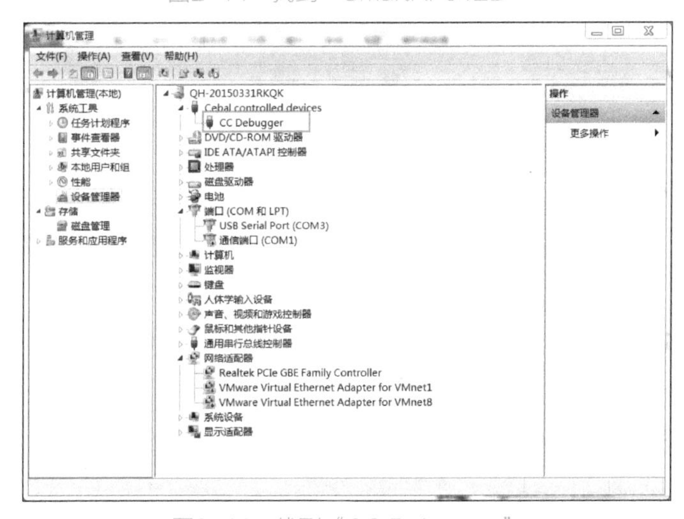

图2-15 找到“CC Debugger”

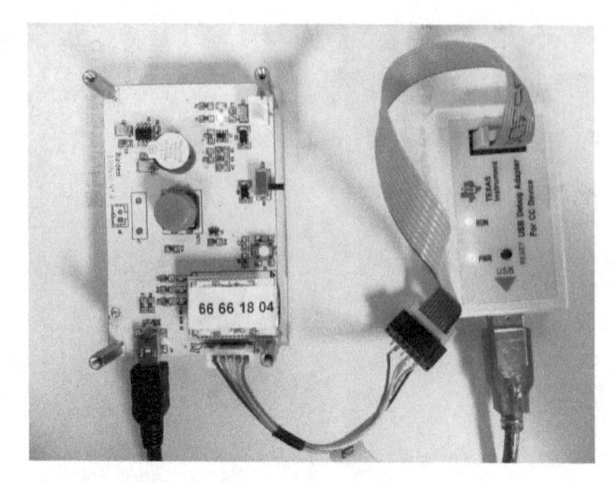

图2-16　连接仿真器

使用TI SmartRF烧写.hex文件。连接硬件如图2-17所示，用到的烧写接口转换线和CC Debugger如图2-18和图2-19所示。

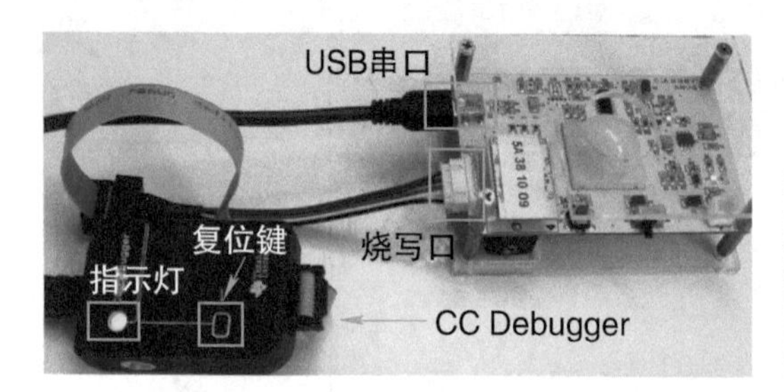

图2-17　连接硬件

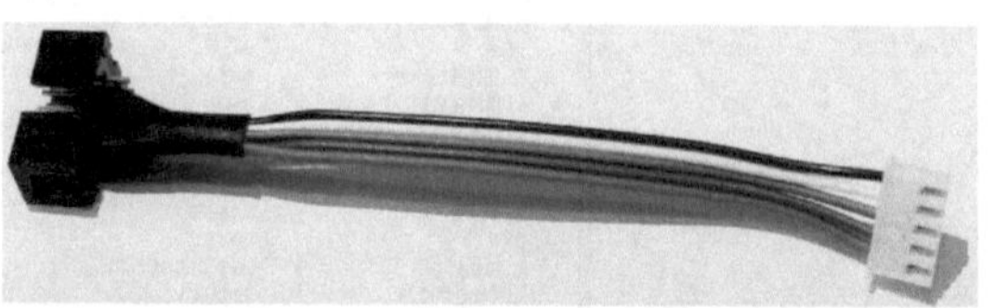

图2-18　烧写接口转换线

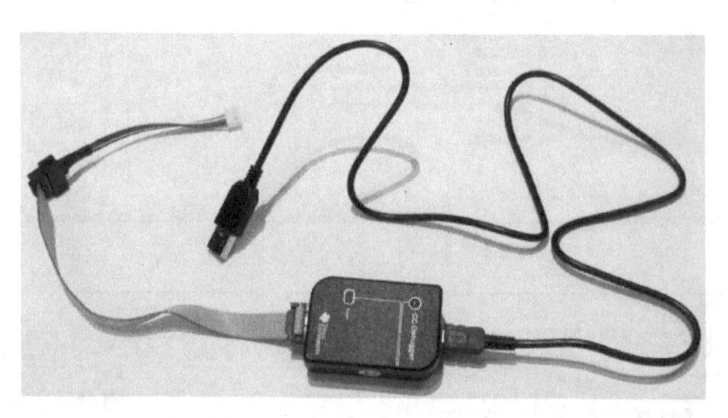

图2-19　CC Debugger

烧写时，把CC Debugger与烧写口连接，打开模块开关（将开关按钮置于“ON”），指示灯为绿灯时可正常工作。若为红灯，则按复位键（烧写器版本不同则指示灯颜色不同）。

安装TI“SmartRF Flash Programmer”程序。打开TI“SmartRF Flash Programmer”，选择“System-on-Chip”（切记别选错），添加刚才生成的.hex文件。单击程序下载按钮，.hex文件便被下载到芯片内，如图2-20所示。本书后面实训部分烧写代码都按照以上步骤进行，不再赘述。

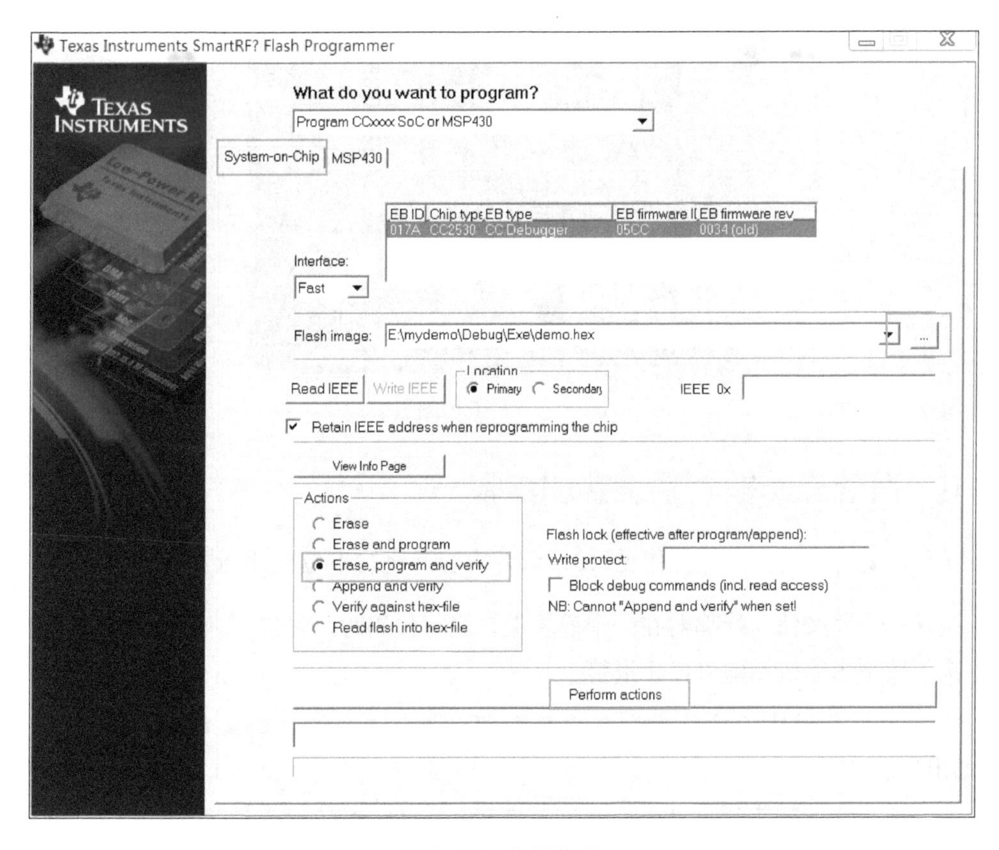

图2-20　烧写代码

2.3.2　智能安防报警系统模块介绍

人体红外传感器与求助按钮、蜂鸣器模块通信实训系统由人体红外传感器模块和蜂鸣器、求助按钮模块组成。求助按钮、蜂鸣器模块如图2-21所示。人体红外传感器模块如图2-22所示。

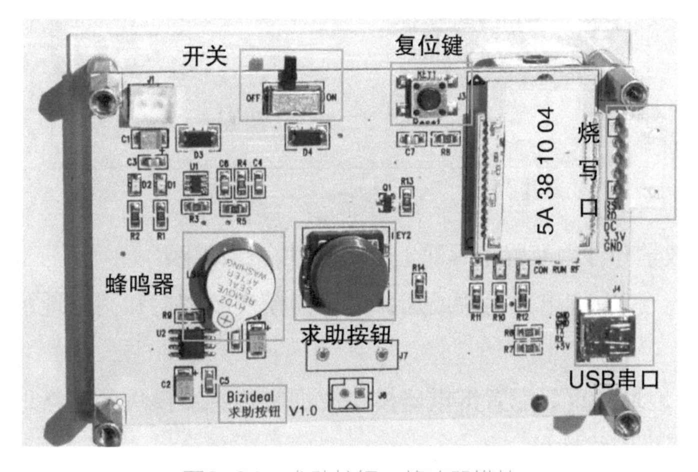

图2-21　求助按钮、蜂鸣器模块

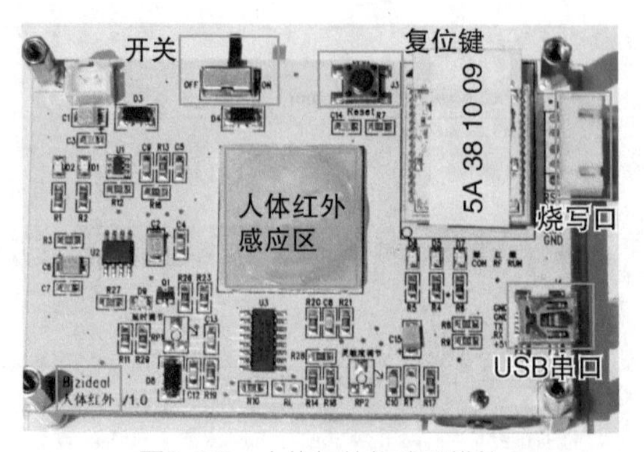

图2-22　人体红外传感器模块

2.3.3　智能安防报警系统实训步骤

步骤1：烧写代码，具体操作见2.3.1节的内容，烧写下位机.hex文件到芯片中。

说明：求助按钮与蜂鸣器在一个模块上，烧写代码时，每烧写一次，蜂鸣器就会报警一次，按下求助按钮即可停止报警。

步骤2：打开无线传感网教学套件箱配置工具 无线传感网教学套件箱配置工具1.4.4.exe ，即上位机，如图2-23所示。

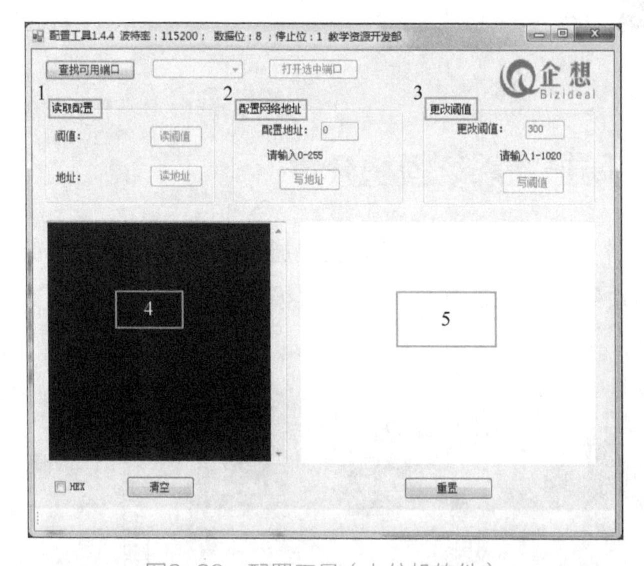

图2-23　配置工具（上位机软件）

无线传感网教学套件箱配置工具即上位机软件介绍如下：

1）读取配置：读取继电器模块或烟雾传感器模块的阈值和网络地址，网络地址一致时才可通信。

2）配置网络地址：重新配置继电器模块或烟雾传感器模块的网络地址（网络地址范围为0～255），保证网络地址一致。

3）更改阈值：改写烟雾传感器模块的阈值（阈值范围为1～1020），当烟雾浓度大于烟雾传感器模块设置的阈值时，继电器模块接收信号，完成通信。

4）数据显示区：显示烟雾传感器模块检测到的烟雾浓度，读阈值，读地址。

5）烟雾浓度值折线图：显示烟雾传感器模块检测到的烟雾浓度折线图。

步骤3：将USB串口线与求助按钮模块连接，打开求助按钮模块，查找、选择可用端口并打开。

注意：查看计算机的可用端口的方法如下：在“计算机”桌面图标上单击鼠标右键，在弹出的快捷菜单中选择“管理”命令，打开“计算机管理”对话框，如图2-24所示。选择“设备管理器”→“端口（COM和LPT）”命令，下拉菜单中的“USB Serial Port”括号内的端口号即为可用端口。

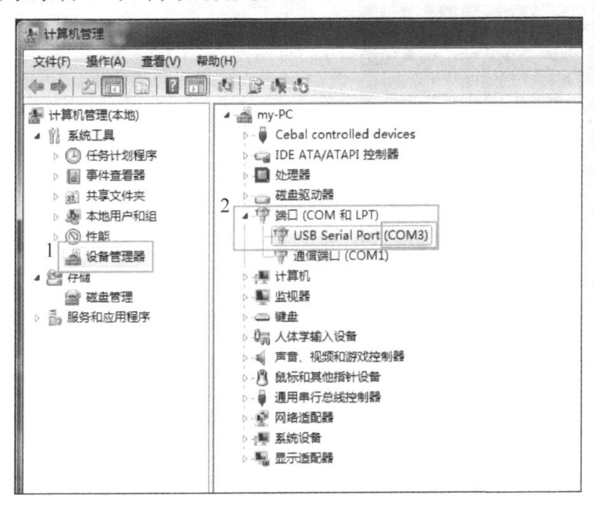

图2-24 可用端口查找

步骤4：单击“读地址”按钮，可读取求助按钮。此时的地址为16，如图2-25所示，记下相关数据。

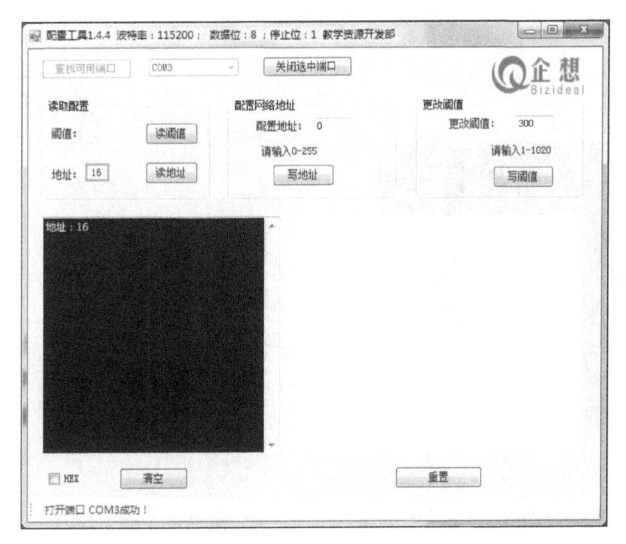

图2-25 求助按钮模块地址

步骤5：单击“关闭选中端口”按钮，将USB串口线与人体红外传感器模块连接，打开人体红外传感器模块，单击“打开选中端口”按钮。

步骤6：单击“读地址”按钮可读取人体红外传感器模块。此时的地址为255，如图2-26所示。

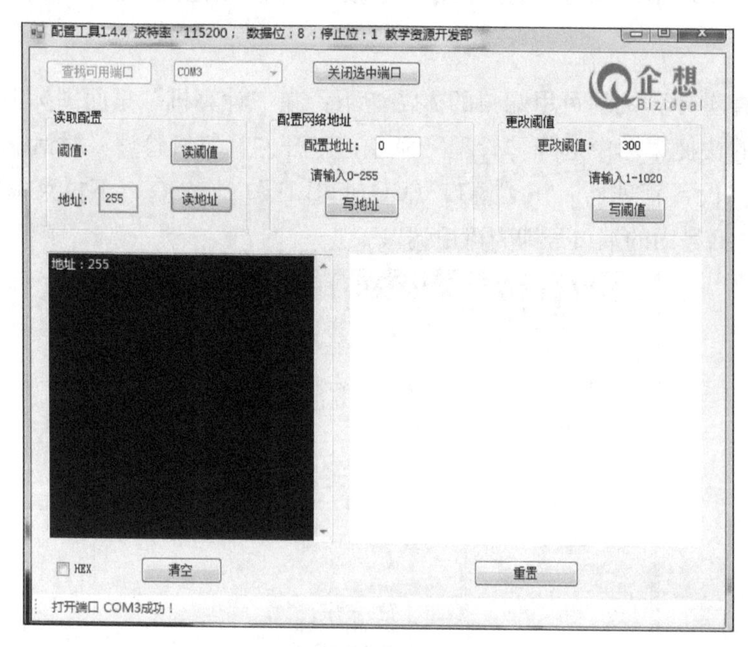

图2-26　人体红外传感器模块地址

与读取的求助按钮模块的地址相比较，如果不相同，则在“配置网络地址”处重新配置人体红外传感器模块的地址，保证网络地址相同，如图2-27所示。

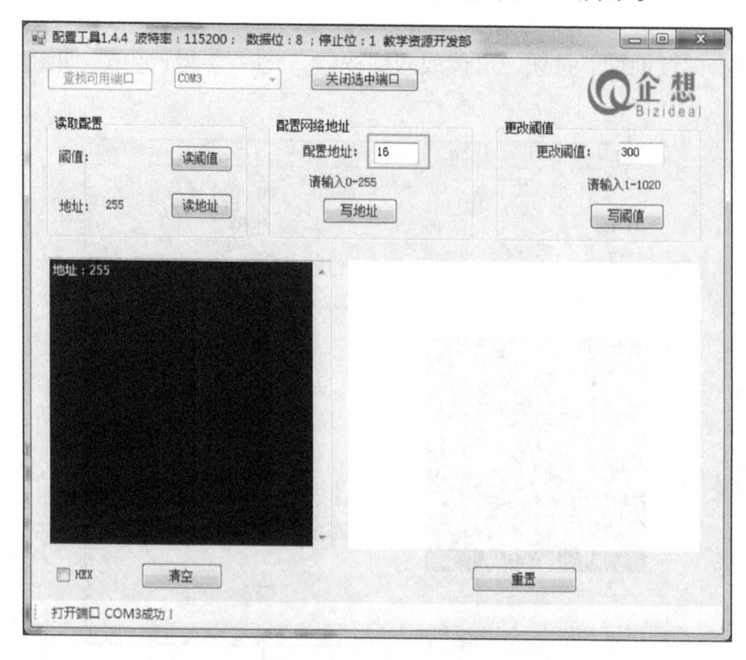

图2-27　配置网络地址

单击“写地址”按钮，在弹出的对话框中单击“确定”按钮，5s后按下人体红外传感器模块上的“复位键”，人体红外传感器模块的地址改写成功，可单击“读地址”按钮检查。当模块的网络地址一致时可实现无线通信。

步骤7：把手靠近人体红外传感器模块，观察实训现象。

实训现象：当手靠近人体红外传感器时，模块检测到信号并传递给蜂鸣器，蜂鸣器发出“滴”的报警声，按下求助按钮，报警声消失。

习题2-3

1）只用电池供电和只用外接电源供电，对人体红外传感器的感应距离会有影响吗？蜂鸣器发出的声音大小是一样的吗？为什么？

2）用自己的语言描述实训中入侵信号是如何在系统中传递并触发后面蜂鸣器的操作的。

3）什么是.hex文件？

4）除了上述.hex烧写方式，还有什么方法可以把底层程序烧写到硬件芯片中？

2.4 智能安防报警系统实训2

从本节开始，引入相应的安卓项目实训，要求学生有一定的移动应用开发基础。智能安防报警系统实训包括实训环境搭建以及实训内容，其中，实训环境的搭建是整个实训的基础。

2.4.1 智能安防报警系统实训环境搭建

扫码观看视频

搭建实训环境是通过移动终端软件来采集各个节点的信息以及控制设备的基础，包括路由器配置、物理机与服务器（虚拟机）网络配置、网关配置以及服务器可用性的检验。这里的网关指的是连接协调器后的A8设备。

1. 路由器配置

步骤1：打开网络和共享中心，找到“网络连接”中的“本地连接”，单击鼠标右键，在弹出的快捷菜单中选择“属性”命令，在打开的对话框中找到“Internet协议版本4（TCP/IPv4）”，双击打开，设置成“自动获得IP地址”，如图2-28所示。

步骤2：重置路由器，长按至灯全部亮起。

步骤3：在浏览器中输入网址“192.168.1.1”进入路由器管理界面，设置密码后单击“跳过向导”按钮。

步骤4：找到“路由设置”中的“LAN口设置”，如图2-29所示，将LAN口IP设置为“手动”，IP地址为“13.1.10.3”，子网掩码为“255.255.0.0”，单击“保存”按钮。

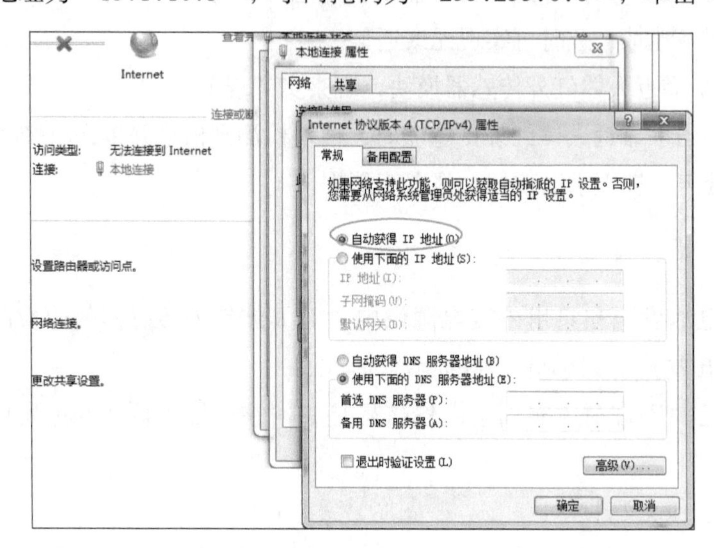

图2-28 自动获得IP地址

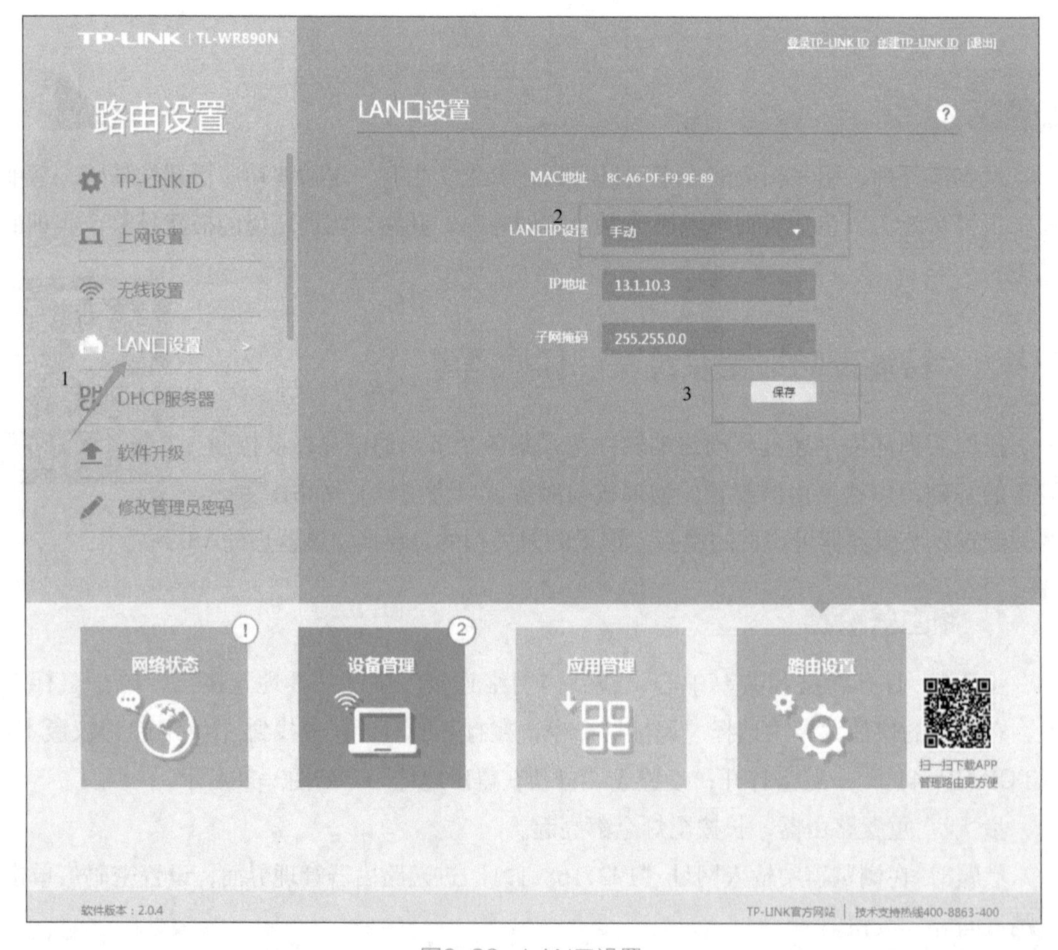

图2-29 LAN口设置

步骤5：选择“DHCP服务器”，将地址池开始地址改为“13.1.10.3”，结束地址改为“13.1.10.100”，单击“保存”按钮，如图2-30所示。

图2-30　DHCP服务器配置

2. 物理机与服务器（虚拟机）网络配置

步骤1：物理机网络配置。如图2-31所示，打开“网络和共享中心”，找到“网络连接”中的“本地连接”，单击鼠标右键，在弹出的快捷菜单中选择“属性”命令，双击打开“Internet协议版本4（TCP/IPv4）”，更改IP地址为“13.1.10.5”，子网掩码为“255.255.0.0”，默认网关为“13.1.10.3”，然后单击“确定”按钮保存设置。

步骤2：服务器（虚拟机）网络配置。与物理机的网络配置过程类似，IP地址为“13.1.10.4”，子网掩码为“255.255.0.0”，默认网关为“13.1.10.3”，如图2-32所示。

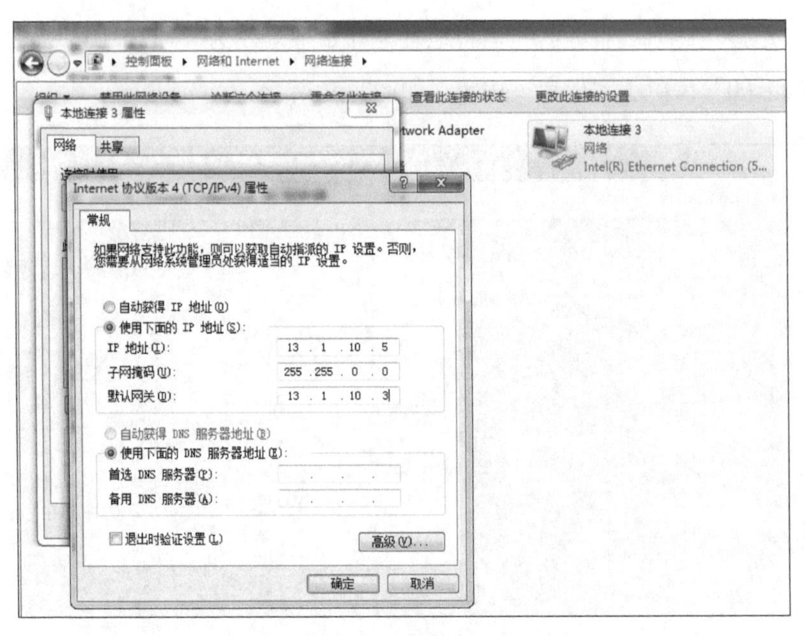

图2-31　物理机网络配置

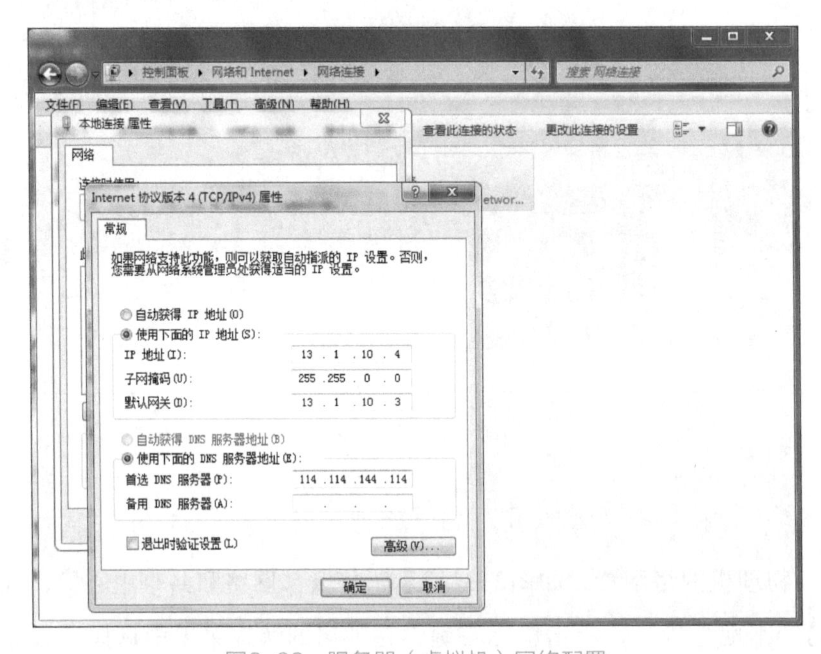

图2-32　服务器（虚拟机）网络配置

3. 网关配置

步骤1：网关通过网线连接路由器后，如图2-33所示，输入当前网关IP地址（可通过路由器管理界面查看到网关IP，参考图2-35），单击“连接”按钮进入网关配置界面。

步骤2：查看服务器IP是否与路由器设备管理界面显示的IP相同，若不同，则需要修改为路由器管理界面显示的服务器IP，如图2-34所示，然后单击“更新网关配置”按钮，等待网关重启后，读取网关配置和板号配置，若这时路由器管理界面的网关IP发生变化，则需要重新执行网关配置的步骤。

图2-33　网关连接

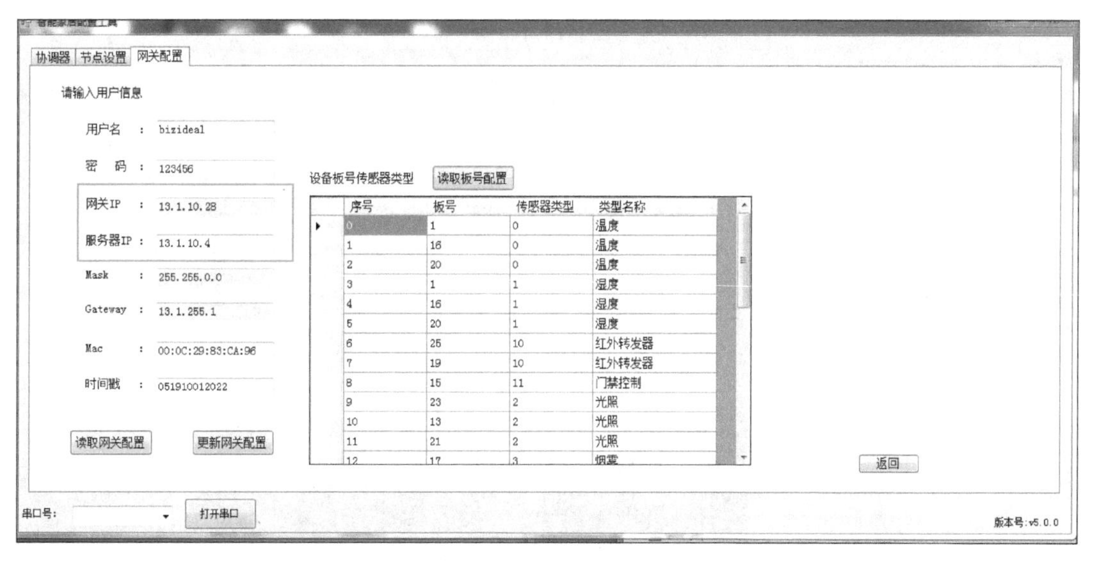

图2-34　网关配置界面

4. 服务器检验

步骤1：查看路由器设备管理界面，要同时看到物理机、服务器（虚拟机）、网关、安卓设备，如图2-35所示。单击“管理”按钮可查看设备IP。

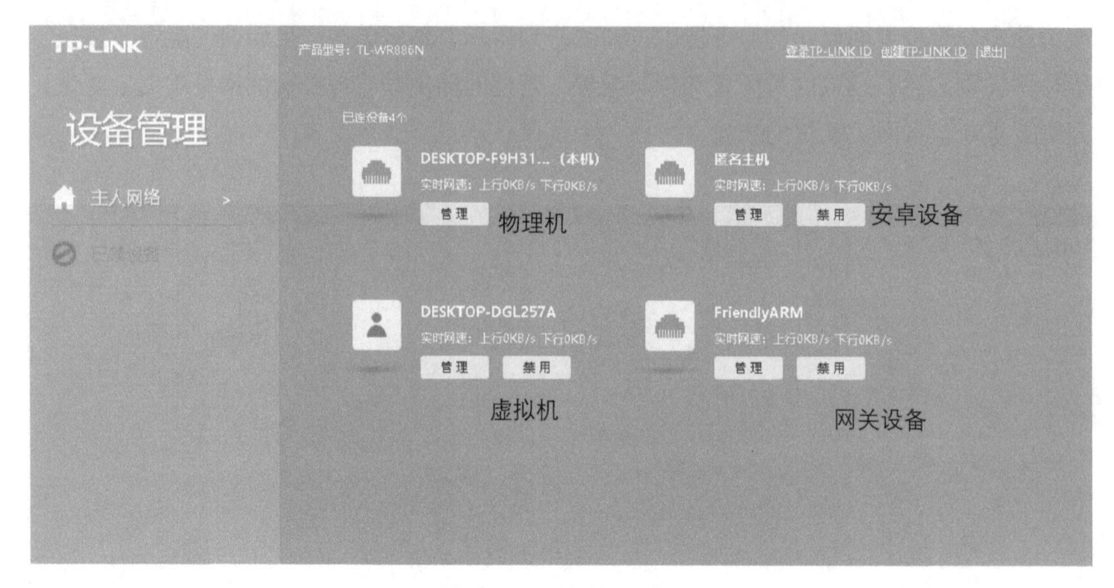

图2-35　设备管理界面

步骤2：启动服务器。进入虚拟机，双击“startup-快捷方式”运行启动程序，能够看到“服务启动成功！”的信息提示，如图2-36所示。接下来会弹出一段节点板信息，如图2-37所示，说明服务器启动并正常运行。

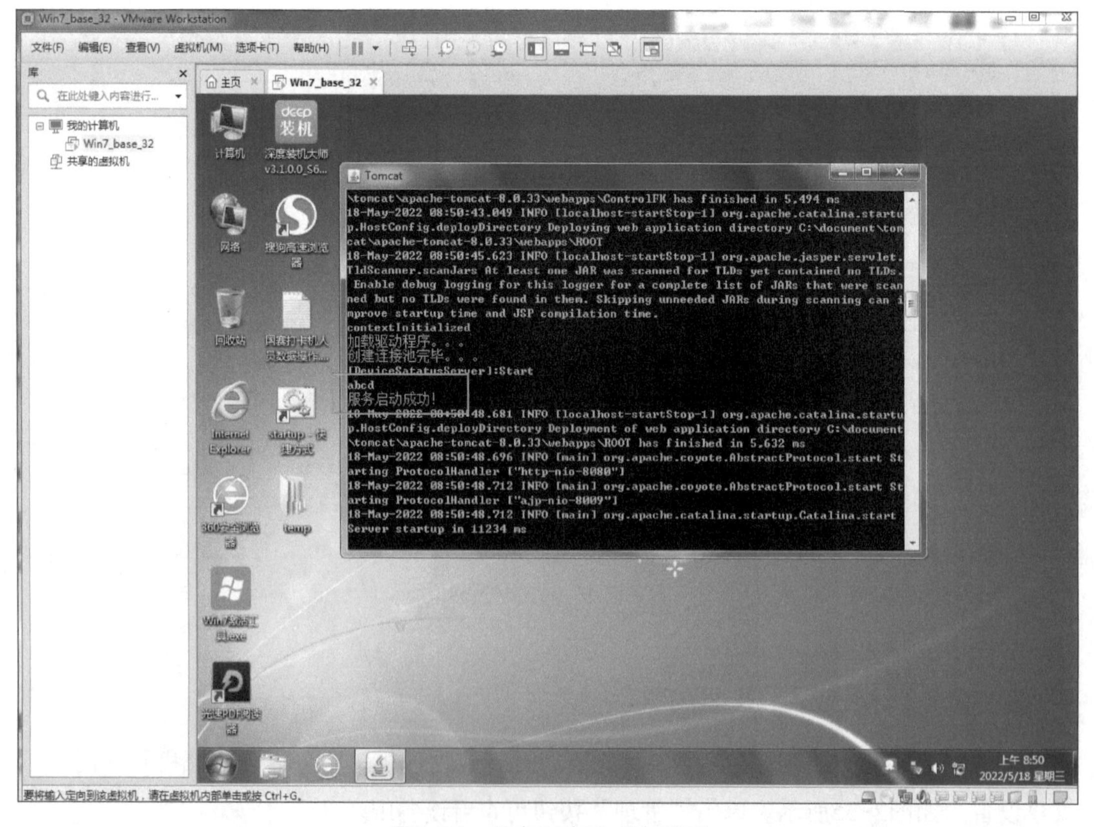

图2-36　服务器启动成功界面

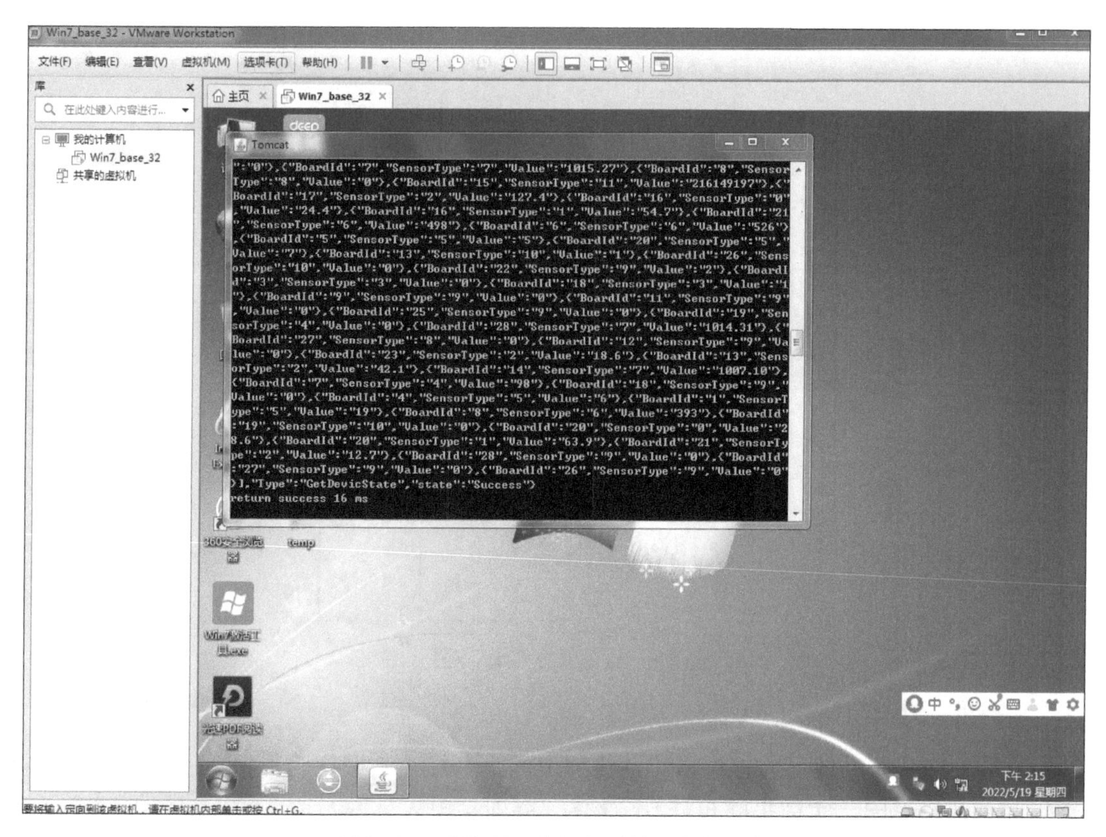

图2-37 服务器正常运行时的节点板信息

2.4.2 智能安防报警系统实训步骤

智能安防报警系统实训包括模块连接以及相应的实训步骤，包括4个部分—— 引入外部类库，搭建智能安防报警系统布局、实现服务器登录、实现报警灯控制。通过此实训，可实现利用移动终端控制报警灯的开关。

扫码观看视频

1. 模块连接

智能安防报警系统用到的模块是报警灯继电器，它是四路继电器，其安装需要完成继电器、报警灯和端子板的接线。接线的操作步骤如下：

步骤1：用一根红线将继电器输入的左接线端与端子板的12V接线端相连。用一根红线将报警灯的正极与继电器左边的常开触点相连；用一根黑线将报警灯的负极与端子板的GND接线端相连。

步骤2：先用一根红线连接端子板的5V接线端和继电器的5V接线端，再用一根黑线连接端子板的GND接线端和继电器的GND接线端。

报警灯接线图如图2-38所示。

图2-38　报警灯接线图

2. 实训步骤

智能安防报警系统可通过单击移动终端上的报警灯控制按钮实现报警灯的打开和关闭。实训步骤包括4个部分，分别是引入外部类库，搭建智能安防报警系统布局、实现服务器登录、实现报警灯控制。其中，引入外部类库是每一个实训必做的部分。

（1）引入外部类库

安卓实训的开发需要引入必要的底层类库，以支持信息采集和控制功能的实现。外部类库为“libs”包，文件所在位置是“…\安卓开发环境\android环境\libs”，如图2-39所示。

图2-39　外部类库

步骤1：切换视图。打开Android Studio，新建安卓工程后将Android视图切换成Project视图，如图2-40和图2-41所示。

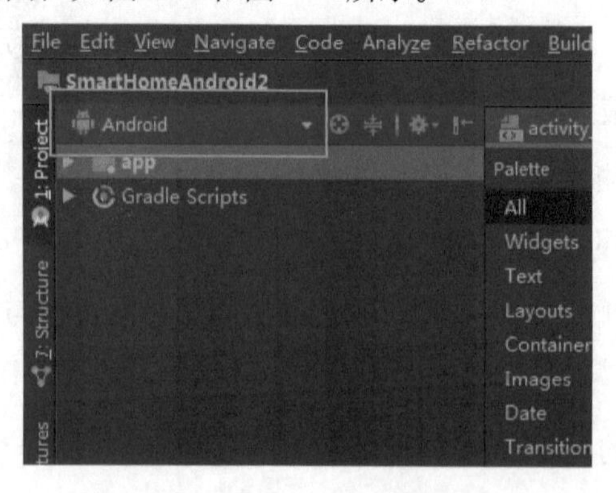

图2-40　Android视图

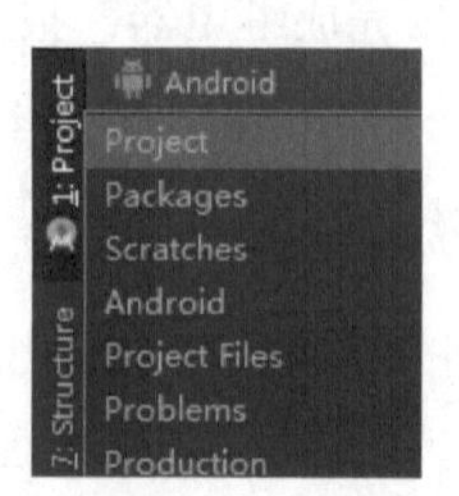

图2-41　Project视图

将“app”目录展开，以便于观察及更改，如图2-42所示。

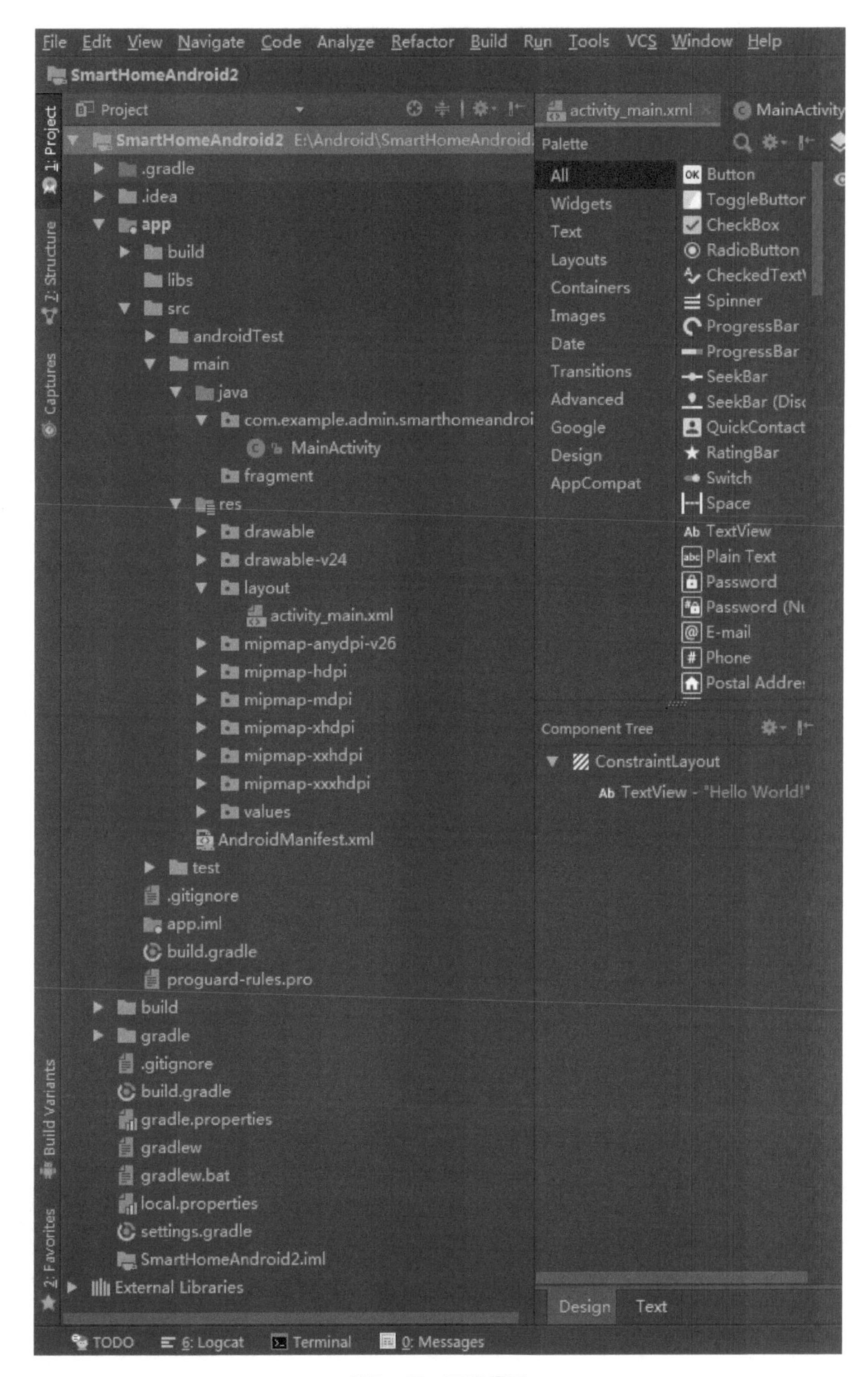

图2-42 工程目录

步骤2：复制库文件到工程目录。先将Android Studio自带的“libs”删除，再将课程资源包中的“libs”复制到工程目录的“app”目录下，如图2-43所示。

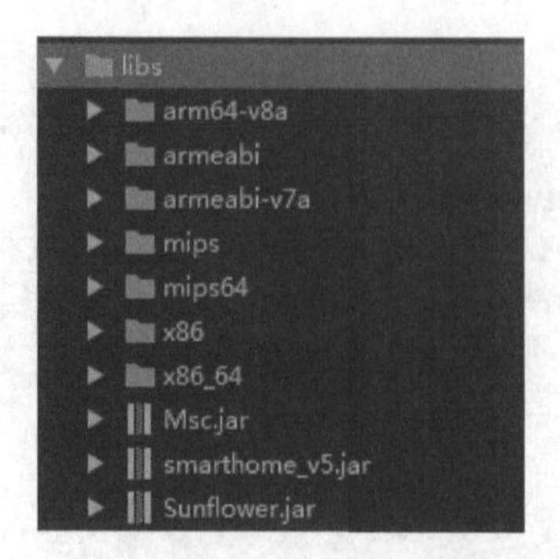

图2-43　libs目录

步骤3：添加库文件。选中“libs”文件夹内的所有文件，单击鼠标右键，在弹出的快捷菜单中选择“Add As Library…”命令，如图2-44所示。然后在弹出的对话框中单击“OK”按钮即可，如图2-45所示。

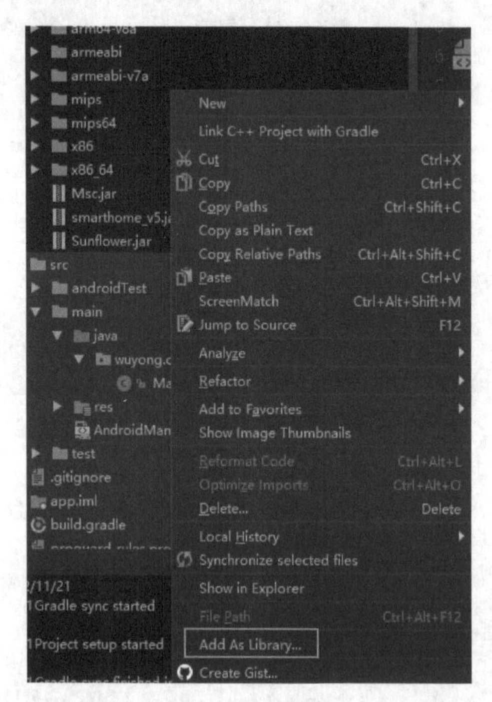

图2-44　作为库文件添加

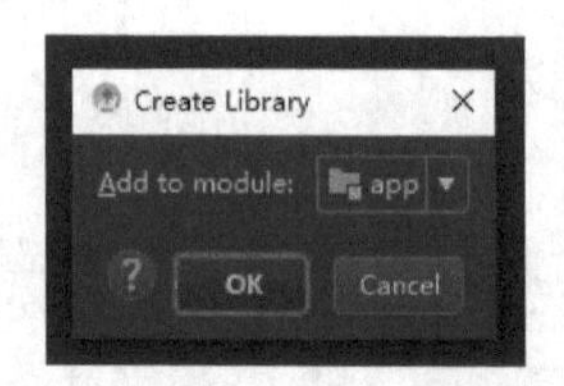

图2-45　添加到app模块

（2）搭建智能安防报警系统布局

扫码观看视频

搭建智能安防报警系统布局，过程如下。

步骤1：自定义按钮的背景，文件位置为“app/main/res/drawable/kg.xml”。

```
<?xml version="1.0" encoding="utf-8"?>
<selector xmlns:android="http://schemas.android.com/apk/res/android">
    <item android:drawable="@drawable/btn_close" android:state_checked="false"
android:state_pressed="true"/>
```

```
    <item android:drawable="@drawable/btn_open" android:state_checked="true"
android:state_pressed="true"/>
    <item android:drawable="@drawable/btn_close" android:state_checked="false"/>
    <item android:drawable="@drawable/btn_open" android:state_checked="true"/>
</selector>
```

步骤2：编写智能安防报警系统项目布局代码。

```
<RelativeLayout
    android:layout_width="150dp"
    android:layout_height="100dp"
    android:layout_marginStart="20dp"
    android:background="@drawable/bg_sensor">
    <ImageView
        android:id="@+id/imageView"
        android:layout_width="40dp"
        android:layout_height="40dp"
        android:layout_marginTop="15dp"
        android:layout_alignParentLeft="true"
        android:layout_alignParentStart="true"
        android:layout_alignParentTop="true"
        android:layout_marginLeft="23dp"
        android:layout_marginStart="10dp"
        app:srcCompat="@drawable/icon_alarmlamp" />
    <TextView
        android:layout_width="wrap_content"
        android:layout_height="wrap_content"
        android:layout_alignLeft="@+id/imageView"
        android:layout_alignStart="@+id/imageView"
        android:layout_below="@+id/imageView"
        android:text="报警灯"
        android:textColor="#0e0e0e"
        android:layout_marginLeft="7dp"
        android:layout_marginTop="5dp"/>
    <ToggleButton
        android:id="@+id/tb_warningLight"
        android:layout_width="30dp"
        android:layout_height="30dp"
        android:layout_marginLeft="100dp"
        android:layout_marginTop="50dp"
        android:textOn=" "
        android:textOff=" "
        android:button="@drawable/kg"
        android:background="@null"/>
</RelativeLayout>
```

（3）实现服务器登录

在进行控制之前，需要先添加登录服务器的代码来与服务器建立连接，登录代码需要写在onCreate()方法内。以后所有的实训都需要此代码。

```
ControlUtils.setUser("bizideal", "123456", "13.1.10.4");//服务器IP
SocketClient.getInstance().creatConnect();
SocketClient.getInstance().login(
        new LoginCallback() {
            @Override
            public void onEvent(final String s) {
                runOnUiThread(
                        new Runnable() {
                            @Override
                            public void run() {
                                if (s.equals(ConstantUtil.Success)) {
                                    startActivity(new Intent(MainActivity.this,
MainActivity.class));
                                    Toast.makeText(MainActivity.this, "登录成功",
Toast.LENGTH_SHORT).show();
                                    finish();
                                } else {
                                    Toast.makeText(MainActivity.this, "登录失败",
Toast.LENGTH_SHORT).show();
                                }
                            }
                        });
            }
        });
```

（4）实现报警灯控制

在报警灯按钮的单击监听中，实现报警灯控制，以下是相关代码。

```
case R.id. tb_warningLight:
    if (tbWarningLight.isChecked()){
  ControlUtils.control(ConstantUtil.Relay,"10",ConstantUtil.CmdCode_1,ConstantUtil.
Channel_ALL,ConstantUtil.Open);
    }else {
  ControlUtils.control(ConstantUtil.Relay,"10",ConstantUtil.CmdCode_1,ConstantUtil.
Channel_ALL,ConstantUtil.Close);
    }
```

智能安防报警系统实训的实现效果如图2-46所示，在移动终端软件界面上单击报警灯的控制按钮，实现报警灯的打开与关闭。

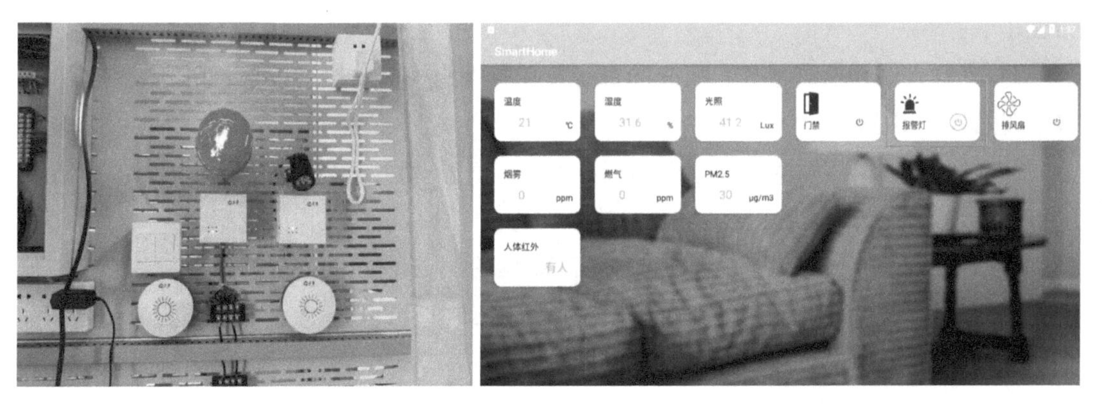

图2-46 智能安防报警系统实训的实现效果

习题2-4

1）安卓实训环境包括哪几部分？

2）报警灯采用的继电器是什么类型？供电是多少伏？

3）服务器检验分为哪几部分？

4）实现服务器登录的代码是什么？

5）实现报警灯控制的代码是什么？

单元小结

1）智能安防报警系统可以对财产安全、人身安全等进行实时监控，当发生火灾、入室盗窃、燃气泄漏和紧急求助等情况时，自动拨打用户设定的电话，及时向主人报告险情。

2）智能家居报警系统由家庭报警主机和各种传感器组成。传感器可分为门窗磁、燃气传感器、烟雾传感器、红外感应器和紧急求助按钮等。

3）智能安防报警系统的功能：紧急求助呼叫功能；预设报警功能；报警管理功能；报警及联动功能；设撤防联动控制；警情后控制处理。

4）红外线探测器是一款常见的安防产品，将红外线探测器安装在门口、窗户的上方或旁边，当有人非法接近住宅时，报警系统就会给设定的手机、平板计算机等发送报警信息。

5）红外探测器按工作原理可以分为被动式红外探测器和主动式红外探测器。

6）被动式红外探测器的优点：传感器不发任何类型的辐射信号，功耗很小，隐蔽性好，造价低；被动式红外探测器的缺点：容易受各种热源、辐射源的干扰，穿透力差。

7）主动式红外探测器是利用光的直线传播特性来检测入侵的设备，由光发射器和光接收器两部分组成。

8）红外人体探测器的工作原理如下：人类是恒温动物，自身会发出波长为10μm左右的红外线，这种人类自身发出的红外线就是被动式红外探测器工作的依据。

9）智能安防系统是利用智能视频分析技术提供报警信息的安防系统，因为它有智能分析图像的识别特征，所以和安防系统中的监控系统结合得最紧密，智能监控系统是智能安防系统中应用最广泛、最成熟的。

10）安防系统中常见的产品有：智能门锁、门窗磁、红外入侵探测器、智能摄像机、烟雾探测器、可燃气体泄漏探测器、智能插座。

11）安防报警系统的主要组成部分包括：主机、红外探测器、门磁、遥控器、燃气探测器、烟雾探测器、警笛、内置警笛和对讲。

12）智能安防报警系统实训1：实现人体红外传感器与蜂鸣器、求助按钮之间的通信。

13）智能安防报警系统实训2：实现报警灯的控制。

单元3

门禁系统

学习目标

知识目标

- 了解门禁系统分类，掌握RFID技术和LCD显示模块。
- 观察实验现象，掌握门禁卡的工作原理和无线传感器数据传输的过程。

能力目标

- 能进行RFID模块和LCD显示器通信实训操作，会读写低频钥匙扣、高频卡（高频标签）、超高频卡（超高频标签）数据。
- 会搭建门禁布局，能用代码实现门禁的控制。

素质目标

- 树立团队精神、协作精神，具有良好的工作品格和严谨的行为规范。
- 通过实训，树立安全意识和规范意识。

3.1 门禁系统介绍

3.1.1 门禁系统功能简介

门禁系统又称进出管理控制系统或通道管理系统，用于管理人员进出，是一种数字化智能管理系统。使用这种智能管理系统不用再像过去那样通过机械钥匙开门，而是通过刷卡、密码或者指纹的方式开门。

下面介绍RFID门禁系统。RFID技术易于操控，简单实用，是一种特别适合用于自动化控制的灵活性应用技术，识别过程自动进行，无须人工干预，工作模式有两种：只读工作模式和读写工作模式，且工作时无须接触或瞄准；可自由工作在各种恶劣环境下而不受环境的影响：短距离射频产品不怕油渍、灰尘污染等恶劣的环境，可以替代条码，例如，用在工厂的流水线上跟踪物体；长距射频产品识别距离可达几十米，多用于交通中，如自动收费或识别车辆身份。高校图书馆RFID门禁系统，如图3-1所示。

图3-1　高校图书馆RFID门禁系统

3.1.2　门禁系统分类

1. 密码型门禁系统

密码型门禁系统是门禁设备中最常见、最简单、也是应用时间最久的门禁控制设备。它的主要应用是保险柜等安全设备的控制模式，通过输入密码判断来者的身份。用户输入密码之后，系统将输入的信息与数据库进行识别和匹配，如果正确则驱动电锁开门放行，信息匹配错误则采取相应的报警措施，保障用户的安全。密码型门禁系统如图3-2所示。

图3-2　密码型门禁系统

这类门禁系统的优势在于成本低、使用方便。用户只需要记住密码即可完成与门禁系统的“互动”，而无须再搭配一些额外的设备部件，降低使用上的复杂度，避免额外的开销。不过，这类门禁的安全性和效率相对来说也是最低的。旁人可以通过观察或者通过其他简单的渠道获取大门的控制密码，而且由于知道密码的人众多，所以还存在着易公开、不方便更换等问题。因此，如今密码型门禁系统在应用领域的使用已经越来越少，只是在一些人员使用不是很频繁的场合或者对于安全性要求不是很高的场所还在继续使用。

2. 刷卡式门禁系统

刷卡式门禁系统是目前生活中最常见到的门禁系统类型。由于密码型门禁系统已经越来越难以满足人们日常的安全需求，而生物识别型门禁系统又因为“过于敏感”而难以让人们信任。因此，刷卡式门禁系统就当仁不让成为了市场应用的主力军。刷卡式门禁系统，如图3-3所示。

目前，刷卡式门禁系统又分为两类，即非接触式门禁系统和接触式门禁系统。不过，由于接触式门禁系统的门禁卡在使用过程中磨损频率比较高，而且十分脆弱，因此其应用领域在逐渐减少。只有一些银行的ATM机或者是一些功能简单的内部门禁控制环节还在应用。

图3-3 刷卡式门禁系统

3. 生物识别门禁系统

说起生物识别技术，在整个安防领域都绝对是令人关注的香饽饽。尽管在技术上还有许多环节尚处在初期的尝试中，不过这并不影响人们对它的兴趣。生物识别门禁系统根据人体不同的位置推出了不同的识别技术，比如，根据人们指纹的差异推出的指纹门禁、鉴别视网膜的虹膜门禁系统、鉴别骨骼差异的手掌门禁以及鉴别五官的人脸识别系统等。

这类系统的优点在于重复率低、工作效率高以及安全性相对较高等。但是，由于技术的不成熟，这类门禁系统经常会出现误判等情况，这也是阻碍这类技术发展与普及的主要原因。指纹识别门禁系统，如图3-4所示。人脸识别门禁系统，如图3-5所示。

图3-4 指纹识别门禁系统

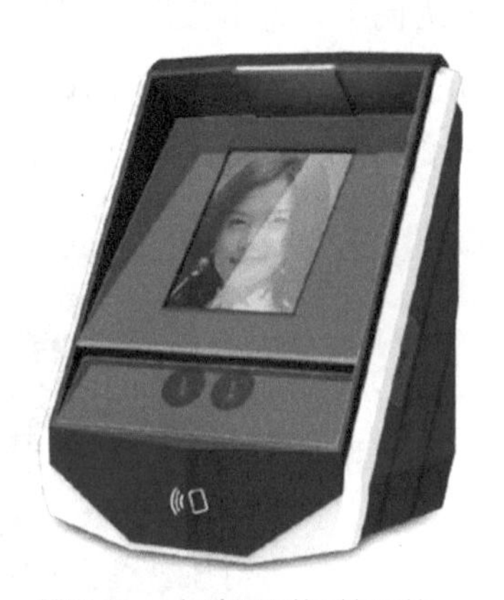

图3-5 人脸识别门禁系统

3.1.3 RFID门禁技术介绍

RFID（Radio Frequency Identification，射频识别）技术俗称电子标签，是一种通信技术，又称无线射频识别技术，可通过无线电信号识别特定目标并对特定目标进行相关数据的读写操作，而无须在识别系统与特定目标之间建立机械或光学接触。目前RFID技术主要应用于图书馆、门禁系统、食品安全溯源等，应用很广。RFID技术图标，如图3-6所示。

图3-6 RFID技术图标

从概念上来讲，RFID与条码扫描比较相似。条码扫描技术是使用专用的扫描读写器，将已编码的、附着于目标物的条码中的信息，利用光信号由条形磁传送到扫描读写器；而RFID技术使用的是专用的RFID读写器及专门的可附着于目标物的RFID标签，利用频率信号将RFID标签中的信息传送至RFID读写器。

从结构上讲，RFID是一种只有两个基本器件的简单无线系统，主要用于控制、检测和跟踪物体。组成系统的两个基本器件是一个询问器和很多应答器。

最基本的RFID系统由标签、阅读器和天线三部分组成：

标签（Tag）：由耦合元件及芯片组成，每个标签都具有唯一的电子编码，附着在物体上标识目标对象。

阅读器（Reader）：用来读取、写入标签信息的设备，可设计为手持式或固定式。

天线（Antenna）：在标签和读取器之间传递射频信号。

1. RFID技术基本结构

RFID技术的基本结构由应答器、阅读器和应用软件系统组成，如图3-7所示。

1）应答器：由天线、耦合元件及芯片组成，一般情况下都是用标签作为应答器，标签附着在物体上来标识目标对象，每个标签都具有唯一的电子编码。

2）阅读器：与应答器一样，由天线、耦合元件和芯片组成。阅读器是用来读写标签信息的设备，常见的有手持式RFID读写器和固定式读写器。

3）应用软件系统：是应用层软件，主要用来进一步处理收集到的数据并为人们所使用。

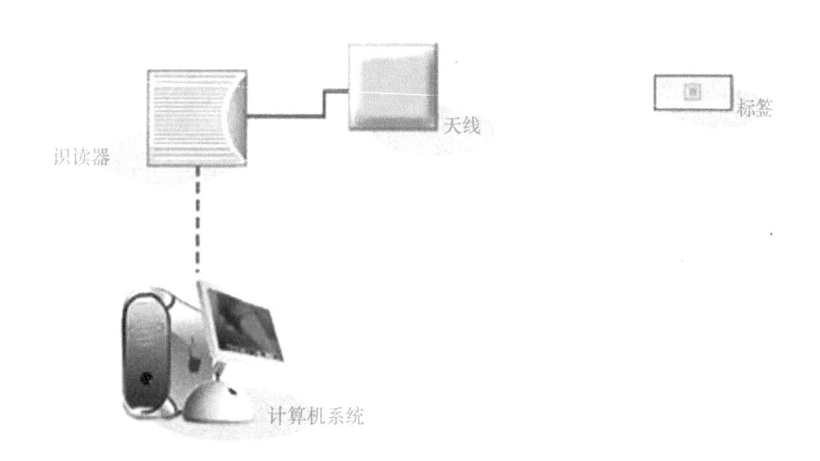

图3-7 RFID技术基本结构

2. RFID技术核心

RFID是一种非接触式的自动识别技术，它通过射频信号自动识别目标对象并获取相关数据，识别过程自动进行，无须人工干预，不受环境影响，可工作于各种恶劣环境。RFID技术可识别高速运动物体并可同时识别多个标签，操作快捷方便。

RFID电子标签与条码相比是一种突破性的技术：第一，不像条码那样只能识别一类物体，而是可以识别单个的非常具体的物体；第二，电子标签采用无线电射频，可以透过外部材料读取数据，而条码必须靠激光来读取信息；第三，可以同时对多个物体进行识读，而条码只能逐个地读。此外，它储存的信息量也非常大。

3. RFID技术主要分类

由RFID技术所衍生的产品主要有3大类：无源RFID产品、有源RFID产品、半有源RFID产品。

1）无源RFID产品。无源RFID产品是发展最早、最成熟、市场应用最广的产品，在日常生活中经常可以见到，比如，食堂餐卡、二代身份证、公交卡、银行卡、宾馆门禁卡等，如图3-8所示。这些无源RFID产品都属于近距离接触式识别类。其产品的主要工作频率有4种：低频125kHz、高频13.56MHz、超高频433MHz、超高频915MHz。

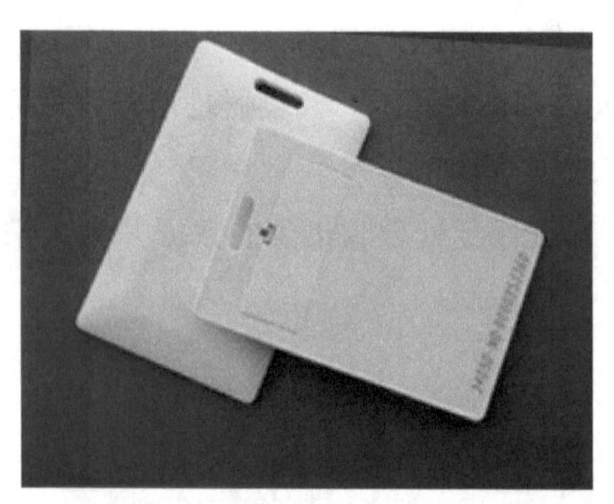

食堂餐卡

二代身份证

公交卡

图3-8　无源RFID产品

2）有源RFID产品。有源RFID产品是近几年才慢慢发展起来的，具有远距离自动识别的特性，因此具有巨大的应用空间和市场潜质。在智慧医院、智能停车场、智能监狱、智慧城市、智慧地球及物联网等远距离自动识别领域有重大应用，如图3-9所示。产品主要工作频率有3种，超高频433MHz、微波2.45GHz和5.8GHz。

a）

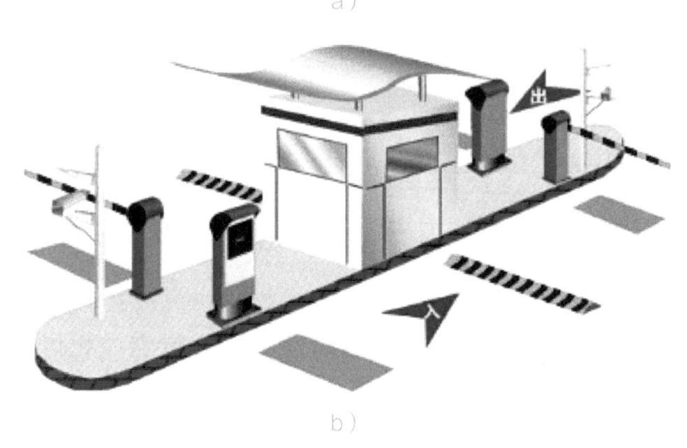

b）

图3-9 有源RFID产品

a）智慧医院 b）智能停车场

3）半有源RFID产品。有源RFID产品和无源RFID产品具有不同的特性，这些特性决定了它们应用在不同的领域采取不同的应用模式，但也有各自的优势所在。在本系统中，着重介绍介于有源RFID和无源RFID之间的半有源RFID产品，该产品集有源RFID和无源RFID的优势于一体，在人员精确定位、门禁进出管理、周界管理、区域定位管理、电子围栏及安防报警等领域有着很大的应用优势。半有源RFID产品结合了有源RFID产品及无源RFID产品的优势，通过低频125kHz频率的触发，让微波2.45GHz发挥优势。半有源RFID技术也可以叫作低频激活触发技术，利用低频近距离精确定位，微波远距离识别和上传数据，来实现单纯的有源RFID和无源RFID没有办法实现的功能。简单地说，就是通过近距离激活定位，远距离识别并上传数据。

半有源RFID是一项特别适合用于自动化控制的灵活性应用技术，其特性为易于操控、简单实用，识别工作自动进行，无须人工干预，它既可在只读模式下工作也可在读写模式下工作，且无须接触或瞄准；不受外界环境的影响，可在各种恶劣环境下自由工作，短距离射频产品不怕油渍、灰尘污染等恶劣的环境，可以替代条码扫描，例如，在工厂的流水线上跟踪物体；长距离射频产品多用于交通领域中，如自动收费或识别车辆身份等，其识别距离可达几十米。智能停车场自动识别车辆收费系统如图3-10所示。

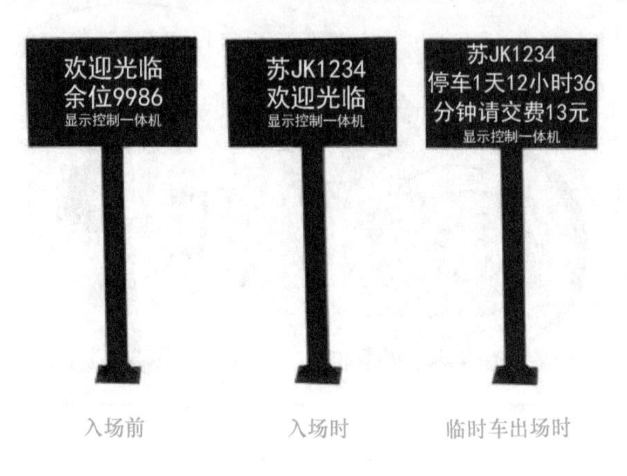

图3-10 智能停车场自动识别车辆收费系统

4. RFID技术性能特点

1）数据存储：RFID电子标签与传统形式的标签相比容量更大（1～1024bit），且存储的数据可随时更新，可读写。

2）读写速度：与条码相比，不需要直线对准扫描，读写速也度更快，且可实现多目标识别、运动识别。

3）使用方便：RFID电子标签体积小，容易封装，可以直接嵌入产品内。

4）安全：每个标签都有专用芯片，序列号唯一、很难复制，安全更有保障。

5）耐用：不会出现机械故障的情况、使用寿命长、不受恶劣环境影响。

6）感应效果：比传统标签感应效果要好。

5. RFID技术工作原理

RFID技术的基本工作原理并不复杂：当标签进入磁场后，接收解读器发出的射频信号，凭借感应电流所获得的能量发送出存储在芯片中的产品信息（PassiveTag，无源标签或被动标签），或者主动发送某一频率的信号（ActiveTag，有源标签或主动标签）；解读器读取信息并解码后，送至中央信息系统进行有关数据的处理。1948年，哈里斯托克曼发表的“利用反射功率的通信”奠定了射频识别技术的理论基础。RFID技术工作原理，如图3-11所示。

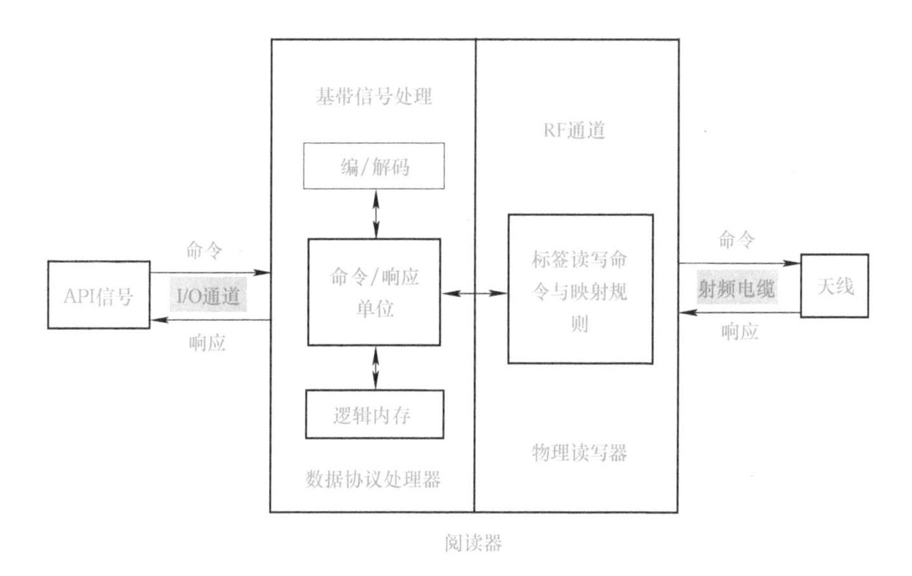

图3-11 RFID技术工作原理

6. RFID技术中国标准

中国电子标签的标准问题一直是国内外关注的焦点，也是能否尽快推动中国RFID产业快速发展的核心问题。2006年6月26日电子标签标准工作组工作会议在北京召开。经过工作组的共同努力，2007年中国电子标签组提出了13.56MHz射频识别标签基本电特性、13.56MHz射频识别读/写器规范和RFID标签物理特性3个标准的技术文件。

其当年计划在2008年完成的工作包括：840～845MHz、920～925MHz频率的标签的标准草案、13.56MHz/射频识别标签基本电气特性的测试方法、13.56MHz射频识别读/写器测试方法、RFID标签物理特性测试方法的标准草案。

7. 门禁卡介绍

门禁卡是在门禁系统中使用的卡，如会员卡、停车卡、小区门禁卡、出入证等；门禁卡在发放给最终用户使用前需要经由系统管理员设置，确定门禁卡的可使用区域及用户权限。在管理区域内，用户要使用门禁卡刷卡才能进入，无门禁卡或未开通权限的用户不能进入管理区域。某小区用户门禁卡，如图3-12所示。门禁钥匙扣如图3-13所示。

图3-12 门禁卡

图3-13 门禁钥匙扣

8. 门禁卡工作原理

门禁卡里面有一个芯片，也就是RFID芯片，当人们拿着含有RFID芯片的门禁卡通过阅读机时，阅读机所发射出来的电磁波就会开始读取门禁卡里面的信息，门禁卡不仅可以进行信息的读取操作，还可以进行信息的写入、修改操作，因此门禁卡不只是个钥匙，更是一张电子身份证。只要在芯片中写入用户的个人数据信息，在刷卡进入管理区域的时候就可以知道进出的是谁了。商场中的防窃盗芯片等应用领域使用的就是这样的技术。

9. 门禁卡分类

门禁卡按卡片种类可以分为磁卡（ID卡）、射频卡（IC卡）；按读卡距离可以分为接触式门禁卡、感应式门禁卡（也就是非接触式门禁卡）。

（1）按卡片种类

1）磁卡（ID卡）：磁卡的优点是成本较低；一人一卡，但安全系数一般，可联计算机，有开门记录。缺点是卡片、设备易磨损，寿命较短；卡片容易复制；不易双向控制。卡片信息容易因外界磁场丢失，使卡片无效。

2）射频卡（IC卡）：优点是使用时卡片与设备无须接触，开门方便安全；寿命长，理论上数据至少保存10年；安全性高，可联计算机，有开门记录；可以实现双向控制；卡片很难被复制。缺点是成本较高。

（2）按读卡距离

1）接触式门禁卡，门禁卡必须与门禁读卡器接触才能完成工作任务。

2）感应式门禁卡，门禁卡在门禁系统感应范围内即可完成刷卡任务。

习题3-1

1）刷卡门禁在如今的生活中随处可见，请认真观察身边的事物，想一想还有哪些装置的工作原理与门禁卡相似？

2）举例说明RFID技术的常见应用。

3）分别总结门禁系统和门禁卡的分类，说一说各种类别的优缺点。

3.2 门禁系统应用

3.2.1 门禁系统选型

1. 门禁系统的选择原则

第一是稳定性和可靠性。由于门禁系统利用率很高，一旦故障将直接影响人们的工作与生活。因此，要求门禁系统必须稳定可靠，随时处于正常工作状态。

第二是要求系统管理具有良好的灵活性和人性化，以利于提高系统的智能化程度。

第三是要求系统有良好的性价比，实现投入更少的资金建设功能更完善、性能更稳定的系统。

网络型门禁有很大的优势，系统具有科学的逻辑结构，使得系统具有极高的稳定性和可靠性。系统高程度的集成，带来管理智能化程度的提高，是首选网络型门禁的主要因素。

2. 门禁系统程序选择

门禁作为一个系统产品，是近几年才发展起来的，是一个新事物。这里讲的程序选择是指配套在门禁系统产品中的程序，而不是作为一个独立的软件进行选择。早期开发的门禁产品，开发商为了对技术进行保密，不致被其他商家窃取，采取了封锁的措施。随着网络技术的发展，门禁产品越来越多，也已经不再存在技术保密问题。如果系统产品的软件不是一个开放的平台或者系统原有的功能不能修改，甚至是初始化之后用户和工程商都不能改变，只有高等级的产品供应商才能改变，并且要支付高额的服务费，那么像这样的产品是不应该选用的。无论是作为用户还是工程商，都应该选择一种能够进行功能修改，而且就像填表格一样方便的系统，这样的系统才有更长的生命力。像ID—Teck就是一个开放型的程序平台，用户的网络管理员可以很方便地修改功能来满足自己的需要。

另外，还要考虑能否向上层集成的问题。如果整体规划是三级系统集成，就必须要求门禁系统具有向上层联网的通信接口条件，或者说应具备开放的程序接口，能够进行二次开发。集成商通过修改程序向上层网络集成，实现集中管理控制以及与其他系统相互通信产生联动功能的目的。如果是一个封闭的程序，那么这个系统就只能是一个独立的网络门禁，而不能用来组成大系统集成的门禁子系统。

3.2.2 门禁系统应用技术

RFID技术通过射频手段识别物体的特性、身份等信息，其应用被称为影响未来的十大IT项目之一。它被广泛地应用于商业自动化、工业自动化、交通管理；汽车、火车等交通监控；停车场管理系统；高速公路自动收费系统；物品管理；动物管理；安全出入检查；车辆防盗；物流、仓储管理；医疗与防伪等各行各业。

RFID卡按载波频率可分为低频射频卡、中频射频卡和高频射频卡。低频射频卡主要有125kHz和135kHz两种，中频射频卡频率主要为13.56MHz，高频射频卡主要为433MHz、915MHz、2.45GHz和5.8GHz等。低频系统常见于短距离、低成本的应用中，如多数的门禁控制、动物监管、货物跟踪、校园卡等。中频系统主要用于门禁控制和一些需传送大量数据的应用系统；高频系统的天线波束方向较窄且价格较高，主要应用于需要较长距离的读写和高速度读写的场合，比如火车监控、高速公路收费等系统。

相较于125kHz及13.56MHz技术，900MHz超高频RFID属于技术层次更高、应用范围更广的专业领域。无论使用低频还是高频RFID系统，它们的读取距离都只能在近场（nearfield）范围内，而超高频RFID技术则可以同时满足近场与远场（farfield）的需求。在读取距离需求相同的情况下，超高频RFID天线的尺寸要远小于其他低频天线，操作也会容易许多。超高频RFID不仅读取距离较长，而且读取速度也很快。以ISO 18000-6C（EPCClass1，Gen2）协定为例，其读取率可达1700read/sec。超高频RFID协定亦提供32bit锁码及隐藏模式，以加强其私密性，同时提供鉴别与加密等机制，以确保其安全性。

最近几年，随着感应卡技术、生物识别技术的发展，门禁系统得到了飞跃式的发展，目前已经进入了成熟期，出现了感应卡式门禁系统、面部识别门禁系统、指纹门禁系统、虹膜门禁系统、乱序键盘门禁系统等各种技术的系统，它们在安全性、方便性、易管理性等方面都各有特长，门禁系统的应用领域也越来越广。

1. 射频门禁

应用射频识别技术，可以在门禁系统中实现持有效电子标签的车不停车的功能，方便通行又节约时间，有效提高路口的通行效率，更重要的是可以实时监控进出小区或停车场的车辆，准确验证出入车辆和车主身份，维护区域治安，使小区或停车场的安防管理更加高效化、信息化、人性化、智能化。射频门禁系统如图3-14所示。

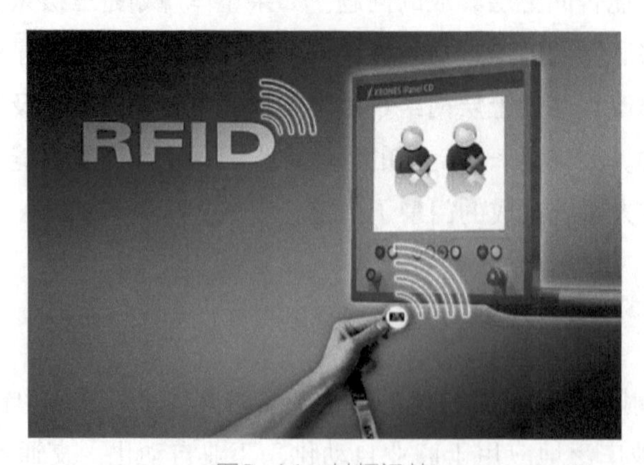

图3-14　射频门禁

2. 电子溯源

溯源技术大致可分为3种：一种是RFID无线射频技术，在产品包装上加贴一个带芯片的标识，产品的流向都可以记录在这个芯片上，产品进出仓库和运输时就可以自动采集和读取相关的信息；一种是二维码技术，消费者只需要通过带摄像头的手机扫描二维码，就能查询到产品的相关信息，查询的记录都会保留在系统内，一旦产品需要召回就可以直接发送短信给消费者，实现精准召回；还有一种是在条码中加上产品批次信息（如批号、生产日期、生产时间等），采用这种技术的生产企业基本不需增加生产成本。电子溯源如图3-15所示。

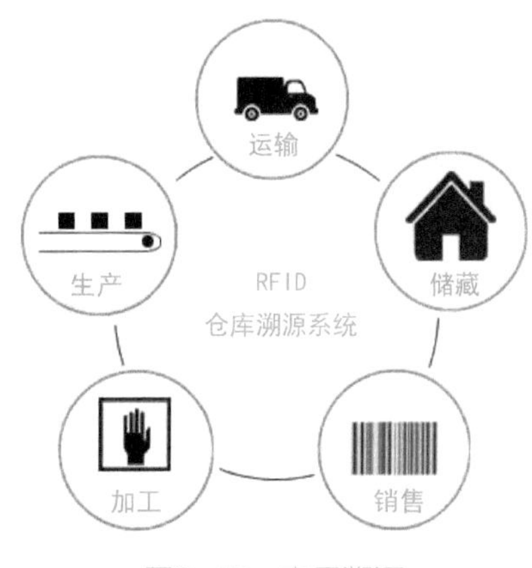

图3-15 电子溯源

电子溯源系统可以实现所有产品从原料到成品、从成品到原料100%的双向追溯功能。这个系统最大的特色功能就是能保障数据的安全性，每一个人工输入的环节均会被软件实时备份。

3. 食品溯源

采用RFID技术进行食品、药品的溯源已经开始在一些城市试点，包括宁波、广州、上海等城市。食品药品的溯源主要解决对食品来路的跟踪问题，如果发现了有问题的产品，则可以通过简单的追溯，直到找到问题的根源。食品溯源如图3-16所示。

图3-16 食品溯源

4. 产品防伪

RFID技术经历了几十年的发展应用，技术本身已经非常成熟，其应用在人们的日常生活中随处可见，比如在防伪方面的应用，实际就是在普通的商品上加一个RFID电子标签，这个标签就相当于此商品的身份证，伴随商品生产、流通、使用的各个环节，并在各个环节中记录下商品的各项信息。RFID技术应用于产品防伪，如图3-17所示。

图3-17 产品防伪

3.2.3 门禁系统应用场景

门禁系统的应用领域很广，这里介绍银行主动防御门禁系统与医院IP化门禁系统。ATM银行门禁系统如图3-18所示。

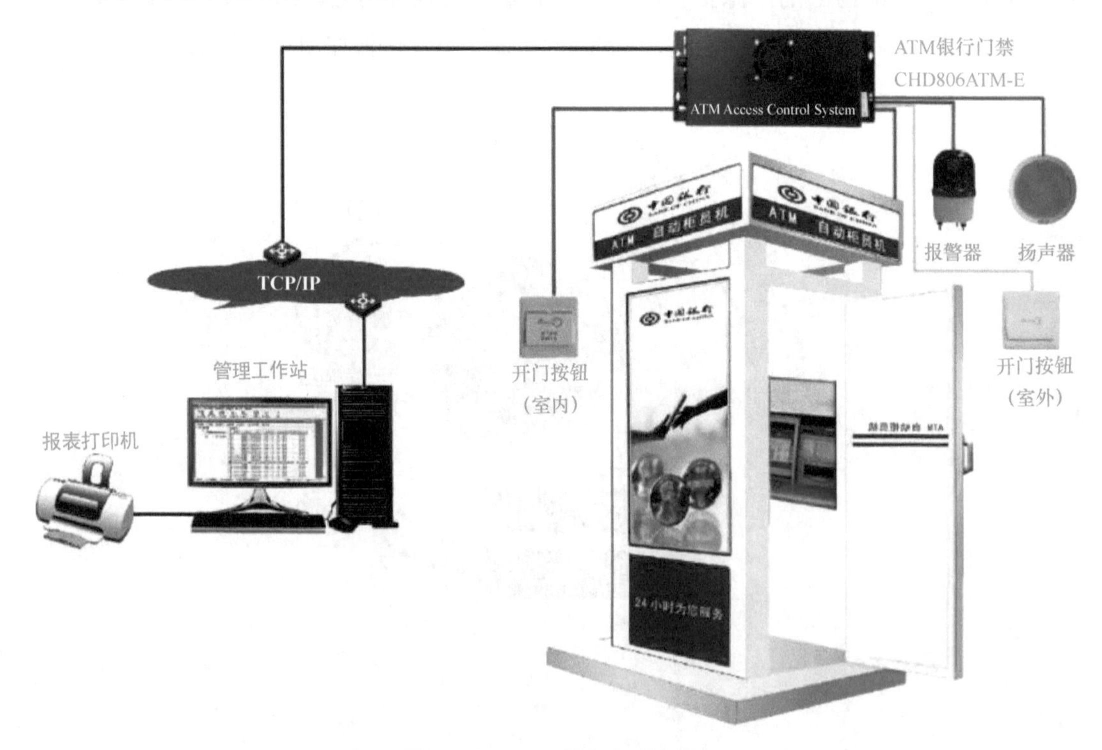

图3-18 ATM银行门禁系统

1. 银行主动防御门禁系统

银行主动防御门禁系统功能

（1）实时电子地图

系统自带电子地图功能，可实时查看前端门禁设备状态以及当前人员动态，根据人员验证的开门信息，可以实时掌握人员动向。

（2）多种模式识别

系统支持二代身份证、MF（Middle Frequency，中频）卡、卡+密码、指纹识别、人脸识别等多种验证方式开门，满足用户的不同需求。

（3）双门互锁功能

系统支持AB门门禁模式。所谓AB门门禁模式即当任一门受控须开启时，绝对禁止另一扇门处于开启状态，可以实现自动防尾随跟入功能；对一些特殊场所，如银行金库等，还可以实现3道门以上的多门互锁。

（4）多人开门功能

系统支持多人开门功能，如银行金库的门，要求2个或2个以上员工到现场，依次验证通过才能把门打开，单独个人无法验证开门。

（5）视频联动抓拍、录像

系统与硬盘录像机联动，对进门和出门的所有人员实现在刷卡、按出门按钮等门禁事件发生的同时，进行视频图像的抓拍、录像，并能自动切换现场实时图像，以供管理员查看，同时本地计算机存储图像信息达30天以上，供事后查证。

（6）本地或远程联动报警

系统支持本地或远程联动报警。对非法开门、撬门、门超时实现本地提示和远程报警，同时报警过程与关联摄像机进行视频联动，实现图像抓拍与事件前后各10s以上的录像，所有报警信息均被存储，供事后查证。

（7）支持胁迫报警功能

系统可以实现胁迫报警功能。当发生歹徒胁迫员工开门的事件时，可输入胁迫码开门，系统将产生胁迫报警，也叫暗报警，暗报警直接接到管理中心或公安部门，相关部门能迅速组织人员进行处理。

（8）语音提示功能

系统设备自带语音功能，对当前门状态、锁状态以及当前操作的功能进行语音提示。如，“请关上内门”“内门无法上锁”“双开功能已启动”“双锁闭功能已启动”等。

（9）出入信息记录功能

系统可以实现出入信息记录的功能。所有通过门禁的人员、事件，系统都有详细的进出记录，一旦发生安全问题，可在第一时间确认相关的出入信息。

2．医院IP化门禁系统

电子门禁技术的发展潜力无限。随着人们对于安保的要求日渐提高，比如门禁权限控制和实时监控，市场需要提出超越机械产品限制的全新解决方案。目前，非接触式智能门禁卡技术主要应用于计算机、IT登录系统、医院门禁及配药系统，能帮助医院更好地控制人员安全出入、建立患者信息档案、保护患者隐私、提高医院的管理效率，并预防用药、医疗事故等。IP门禁系统和电子门禁系统分别如图3-19和图3-20所示。

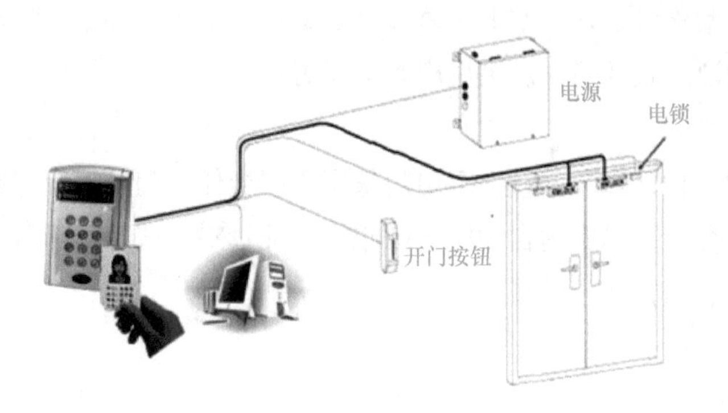

图3-19　IP门禁系统

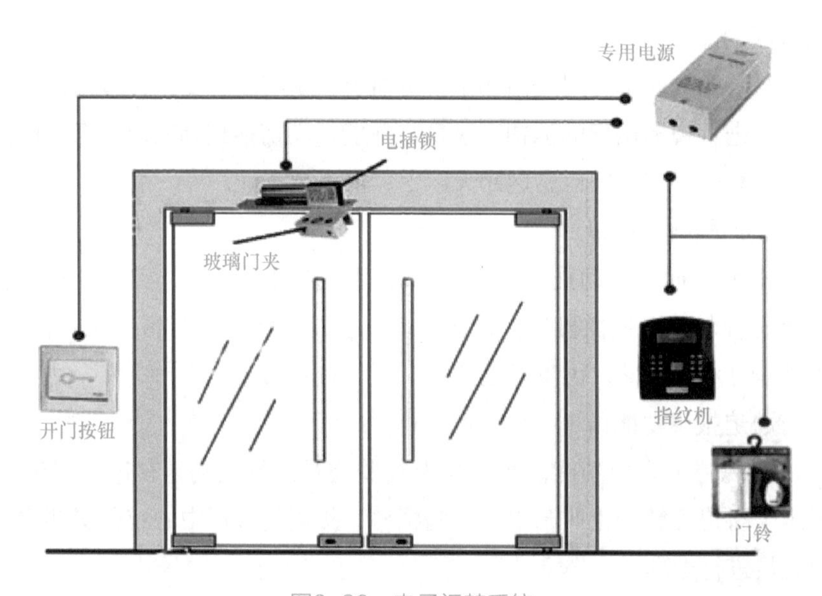

图3-20　电子门禁系统

IP门禁系统不仅能保障医院工作场所的安全，而且能在整个IT基础设施内的关键系统和应用中进行身份验证。医生通过配备的门禁卡登录个人计算机及IT系统，能够采取安全和保险的方式存储和管理患者资料，防止敏感的患者个人信息泄露。医生只需要一张智能门禁卡就能登入IT系统，从而可以避免因回想或输入用户名和密码而浪费时间，并快速通过网络查阅敏感的患者资料，以此节省时间用于照顾患者。

通过在医院已经部署的IP门禁系统上增加计算机桌面网络登录，并在企业网络、系统和设施之间建立一个完全可互操作的、多层的安全解决方案，降低部署和运营费用。为医院实行监管要求，执行一致的政策，在企业内实现一致的审计记录，同时通过合并任务来削减费用。通过整合考勤系统、办公自动化系统、停车场管理系统、消费系统，实现一卡多用。

IP化门禁系统可以直接架构于医院现有的TCP/IP网络，通过医院的TCP/IP网络连接至中央管理站，实现对各个门禁点进行权限设置、数据浏览和查询、数据备份等功能。通过为医生计算机配备桌面读卡器的方法，门禁系统能实时记录诊断信息并上传至计算机，直接生成患者的电子病历，这将有助于在不同医疗机构间建起医疗信息整合平台，将医院之间的业务流程进行整合，医疗信息和资源可以共享和交换，跨医疗机构也可以进行在线预约和双向转诊。

通过系统将居民社保卡、临时就医卡融入医院门禁信息管理平台，优化医院的看病流程，提升医院工作效率。患者在门诊台挂号或预约时，相关分诊台及医生能简便获取相关信息，到达患者就诊时间时，患者才能进入预约与挂号时的科室。

未来，当智慧元素融入整个行业时，医疗信息系统必将以前所未有的速度开始发展，并对医疗卫生行业产生重大影响。IP化的门禁系统通过实现医院信息系统与通信系统融合，为医院提供了安全应用、呼叫中心、移动诊室等多种功能，实现了医院、医生、患者三方的有效互动沟通。

习题3-2

1）在你的周围都有哪些地方用到了门禁系统，请举例说明。

2）想一想哪类门禁系统使用的是RFID技术，与不使用RFID技术的门禁系统相比，有什么优缺点？并为自己的房间设计一种门禁系统方案规划。

3）说一说现在门禁系统中会出现哪些安全问题，有没有好的解决方法？

3.3 门禁系统实训1

RFID门禁系统用于管理人员进出，是一种数字化智能管理系统。使用这种智能管理系统不用再像过去那样通过机械钥匙开门，而是通过刷卡、密码或者指纹的方式开门，这样的管理方式可以免去闲杂人员的进出，进一步加强安全措施。接下来通过一个实训学习RFID门禁系统的工作原理及过程。

3.3.1 RFID模块介绍

本实训系统包括主控板、超高频板、高频板、低频板、J-link、RFID超高频天线、低频钥匙扣卡（ID4100、T5557）、高频S50卡、高频标签、超高频卡、超高频标签。

主控板如图3-21所示。它用于处理获取的数据。板载的模块主要由开关、电源接口、USB串口、复位按键、LED灯D9和软排线接口组成。

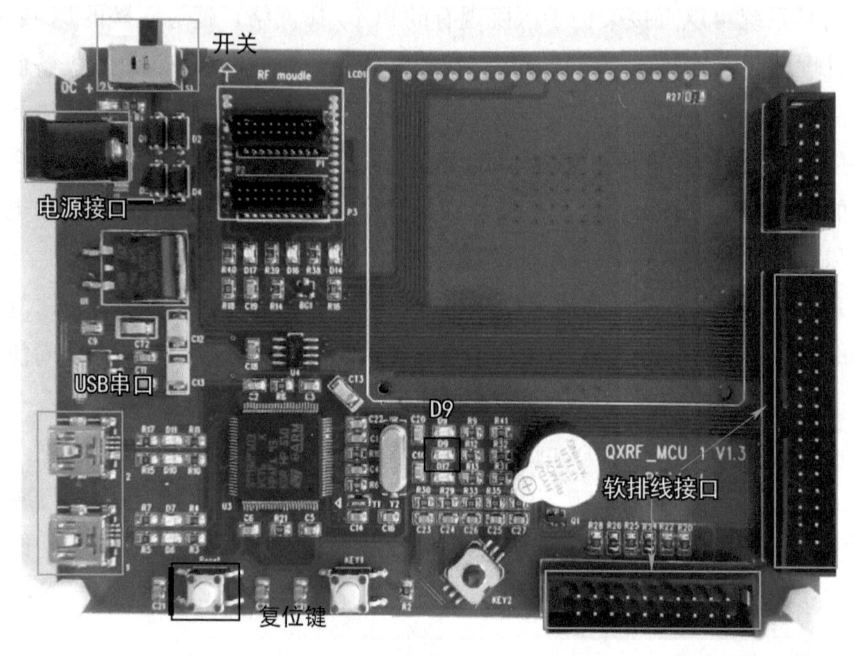

图3-21 主控板

超高频板、高频板和低频板分别如图3-22～图3-24所示，主要用于进行数据的读写。

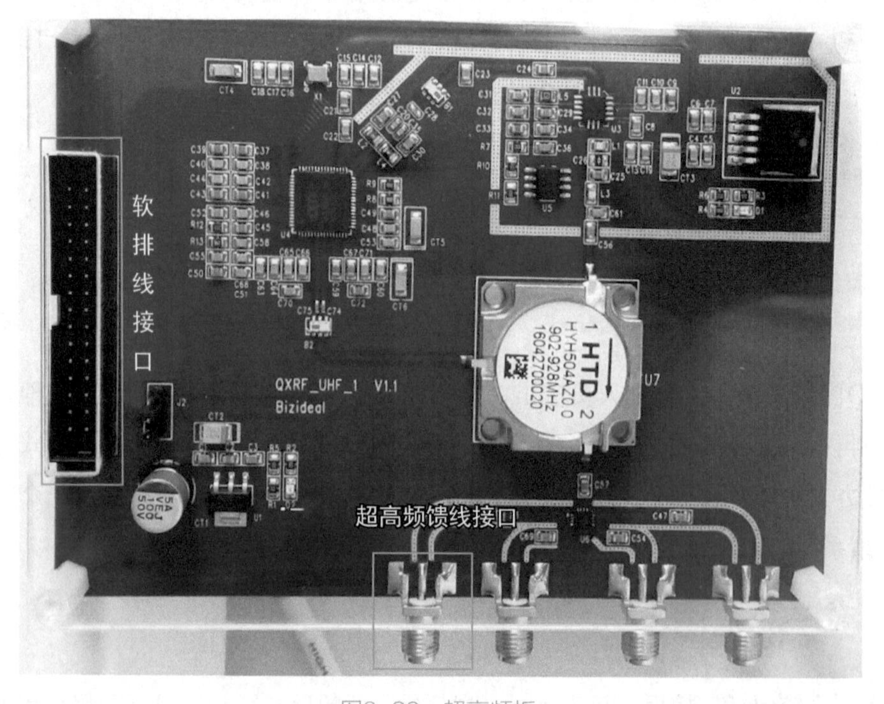

图3-22 超高频板

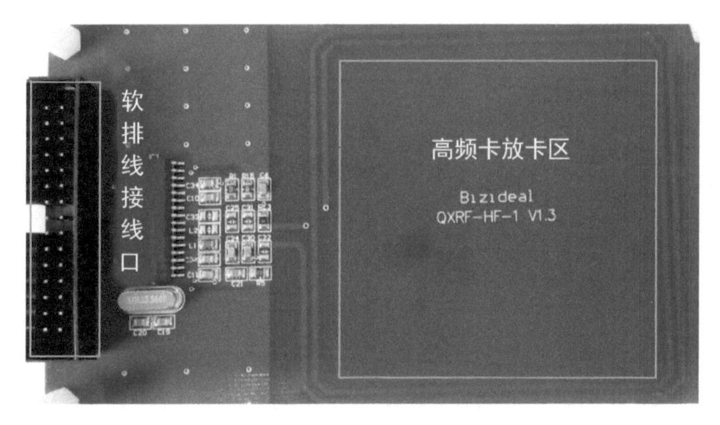

图3-23 高频板

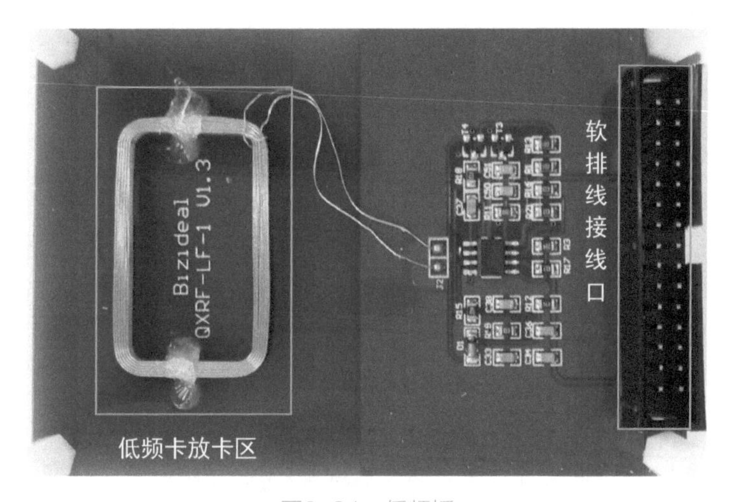

图3-24 低频板

J-link如图3-25所示，主要用于J-link烧写器与主控板连接，进行程序烧写。

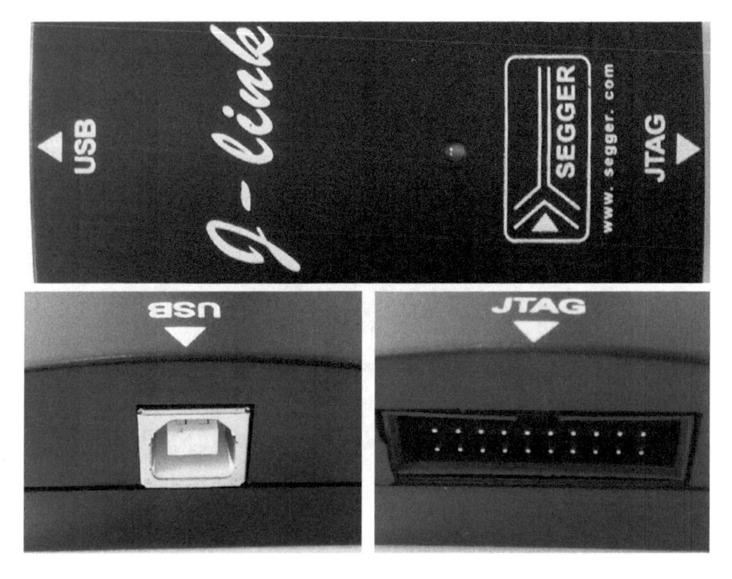

图3-25 J-link

J-link连接线如图3-26所示，用于连接J-link与计算机。

图3-26 J-link连接线

RFID超高频天线如图3-27所示，主要作为超高频卡的载体，与超高频板连接，进行数据的读写。

图3-27 RFID超高频天线

低频钥匙扣卡如图3-28所示，主要用于小区门禁，可以对卡读取进行身份识别。

图3-28 低频钥匙扣卡

高频S50卡如图3-29所示，主要用于图书馆借还书、校园一卡通等需要大量数据存储的应用。高频标签，如图3-30所示。

图3-29 高频S50卡

图3-30 高频标签

超高频卡如图3-31所示，主要用于火车监控、高速公路收费等需要长距离高速度监控的应用。超高频标签，如图3-32所示。

图3-31 超高频卡

图3-32 超高频标签

软排线如图3-33所示。10针软排线用于连接下载器和主控板，进行程序的烧写。15针软排线用于连接主控板和各个读写天线，用于数据传输。

图3-33　软排线

电源适配器如图3-34所示，用于对主控板供电。

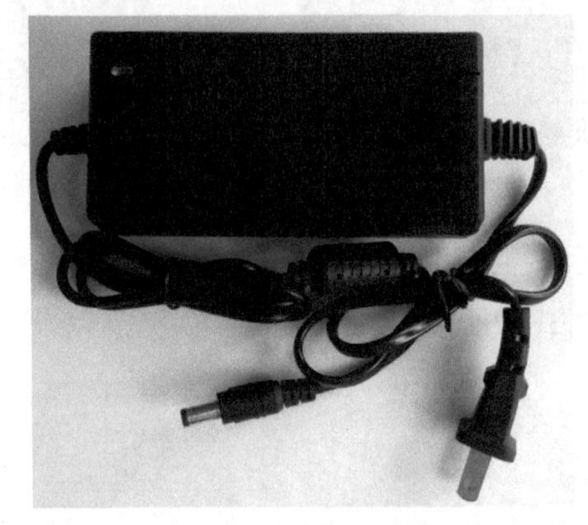

图3-34　电源适配器

RFID超高频馈线如图3-35所示，用于连接超高频天线和超高频板。

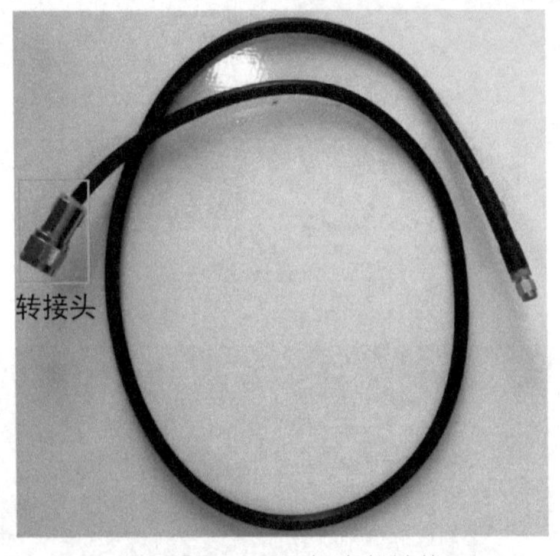

图3-35　RFID超高频馈线

3.3.2　RFID读写实训步骤

步骤1：环境安装与配置。

安装JLINK V8及ARM OB 4合1调试器驱动程序，具体操作见RFID操作手册。设置CPU型号：在开始菜单中找到并打开“J-Flash ARM”，选择“Options”→“Project settings”命令，如图3-36所示。

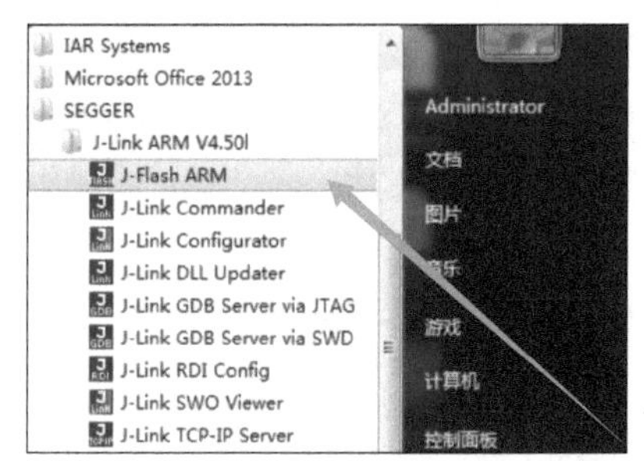

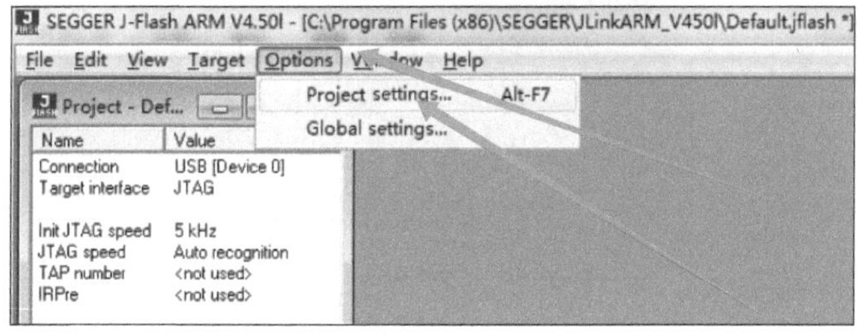

图3-36 环境安装与配置

在弹出的对话框中进行设置，选择“CPU”选项卡，可在下拉列表中选择CPU型号，如图3-37所示。

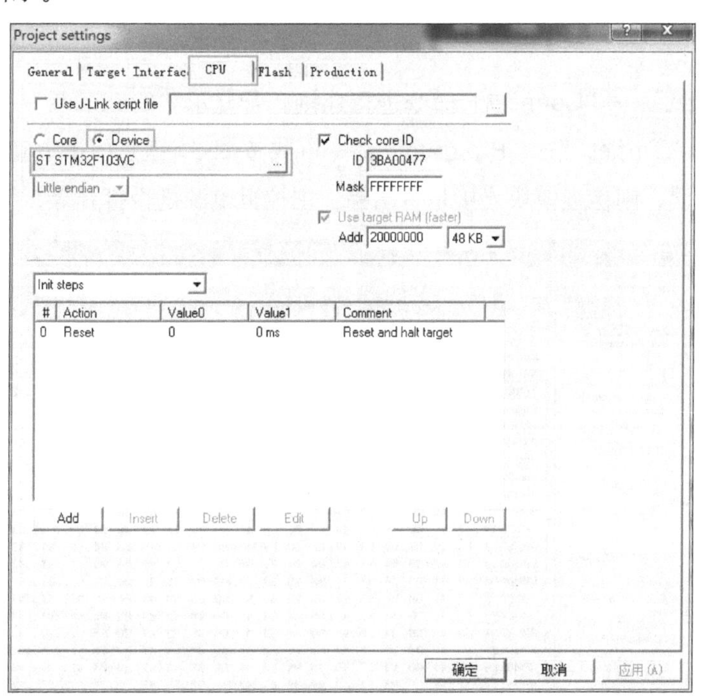

图3-37 CPU型号选择

步骤2：低频读写。

下位机连接：用10针软排线连接主控板与J-link烧写器，用适配电源连接主控板与电源，用J-link接线连接J-link烧写器与计算机。

烧写：选择“File”→“Open data file”命令，找到并打开计算机中的“RFID_LF.hex”文件，如图3-38所示。

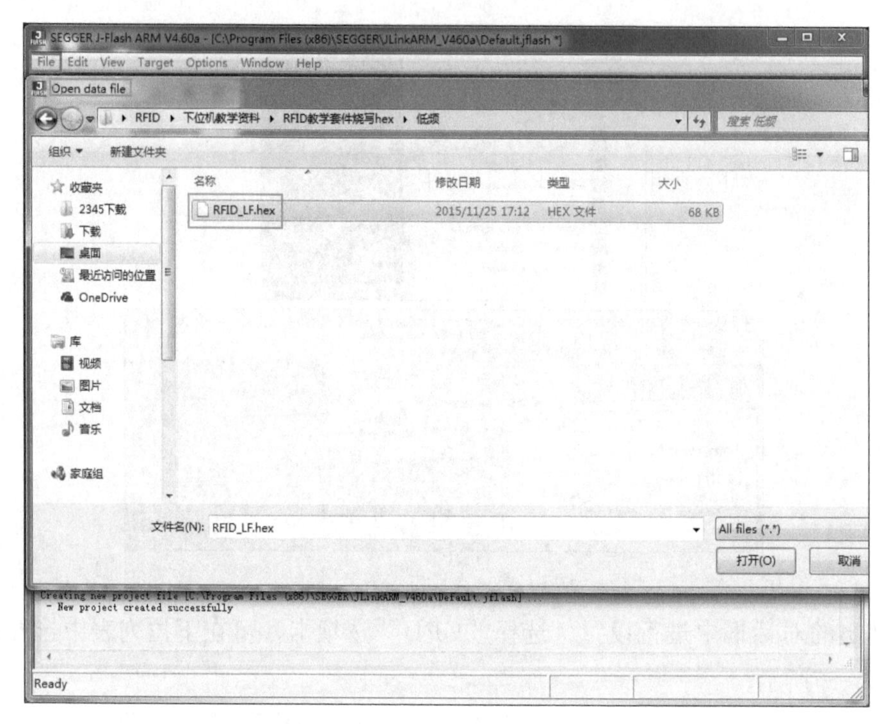

图3-38 选择文件

选择“Target”→“Connect”命令进行连接。若显示“Connected successfully”则连接成功，选择“Target”→“Program”命令（或按<F5>键）单击“确定”按钮，烧写成功；若显示错误，则检查模块连接是否出错、主控板电源是否打开等，如图3-39所示。

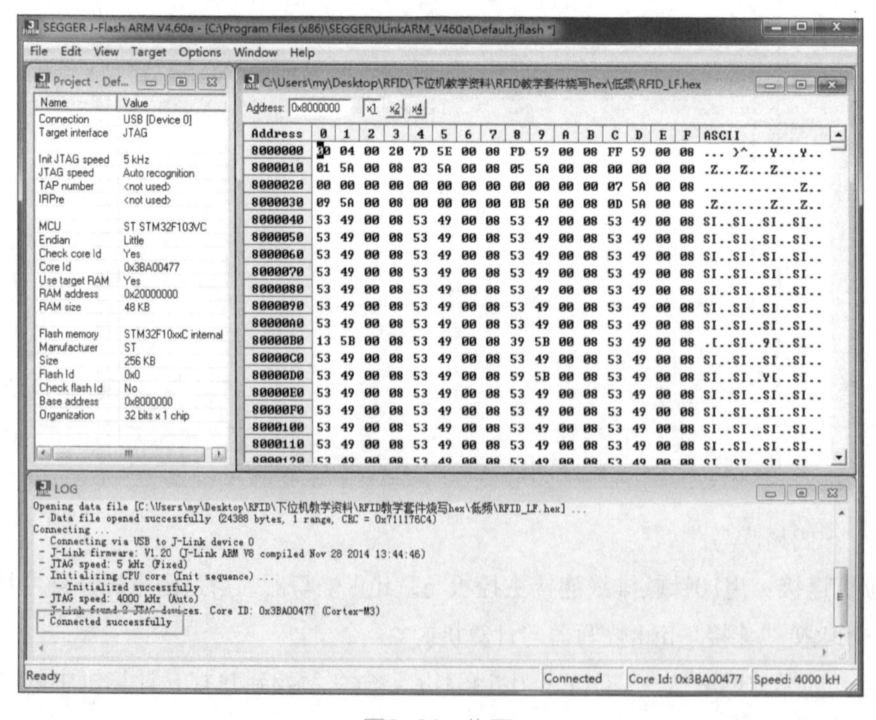

图3-39 烧写

读写：断开J-link与主控板的连接，用15针软排线将低频板与主控板连接，用USB串口线将主控板与计算机连接。

打开计算机中的上位机软件 BizIdeal RFID Kit Demo.exe，如图3-40所示。

图3-40 上位机

选择可用端口并打开，查看可用端口的方法见2.3.3节的内容。选择“低频”，将ID4100钥匙扣放在低频板放卡区，在上位机中单击“读取”按钮，会听到“滴”的一声，数据读取成功，如图3-41所示。

图3-41 ID4100钥匙扣读取

将ID4100钥匙扣换成T5557钥匙扣，在“读地址”处选择数据“01”（其他数据也可以），单击“读取”按钮，观察数据显示区，读取数据成功，可以看到块数据后两位为

“FF”。这里读取数据是为了与写地址后对比是否写入成功。在“写地址”处选择数据“01”，把块数据后两位改为“EE”，单击“写入”按钮，观察数据显示区，写入数据成功，重新读取一次，观察数据显示区，数据更改成功，如图3-42所示。

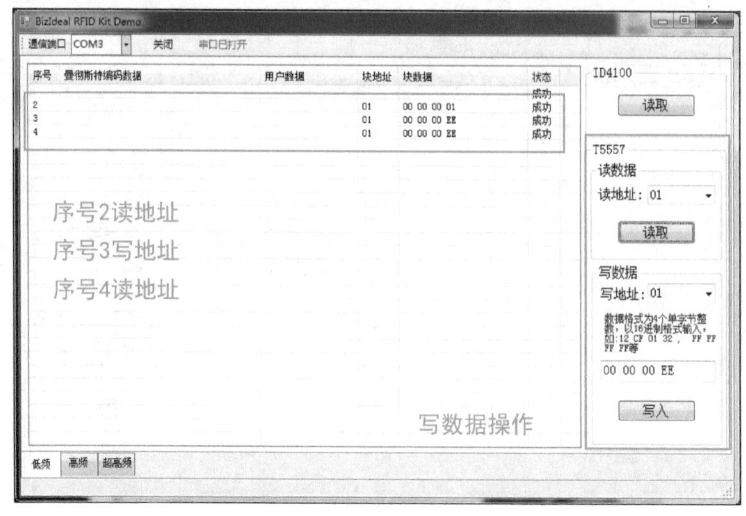

图3-42　T5557钥匙扣读写

注意：写入新的地址之后，重新读取地址时，“读地址”处选择的数据要和写地址时“写地址”处选择的数据一致。

步骤3：高频读写。

烧写具体操作见步骤2。注意：选择高频hex文件。

读写：断开J-link与主控板的连接，用15针软排线连接高频板与主控板，用USB串口线连接主控板与计算机。打开上位机，选择“高频”。将高频S50卡或者高频标签放在高频板放卡区。分别单击“读标签”“读块数据”“写块数据”按钮，数据显示如图3-43所示。写块数据操作方法和低频卡写地址操作相同，操作如图3-44所示。

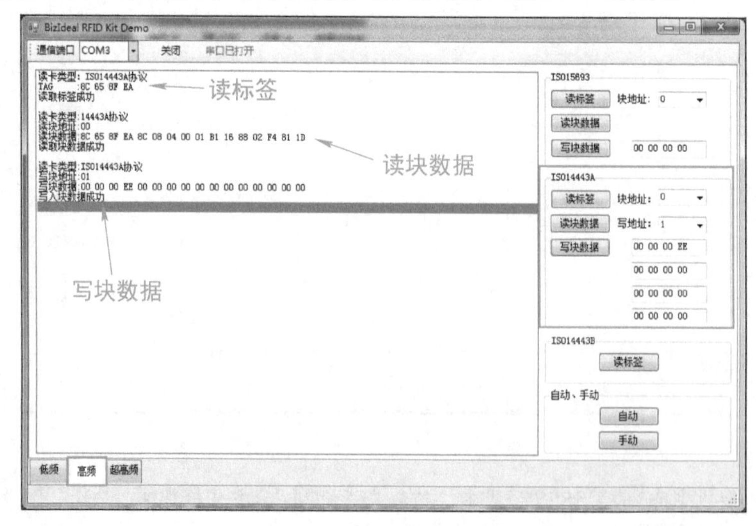

图3-43　高频S50卡读写

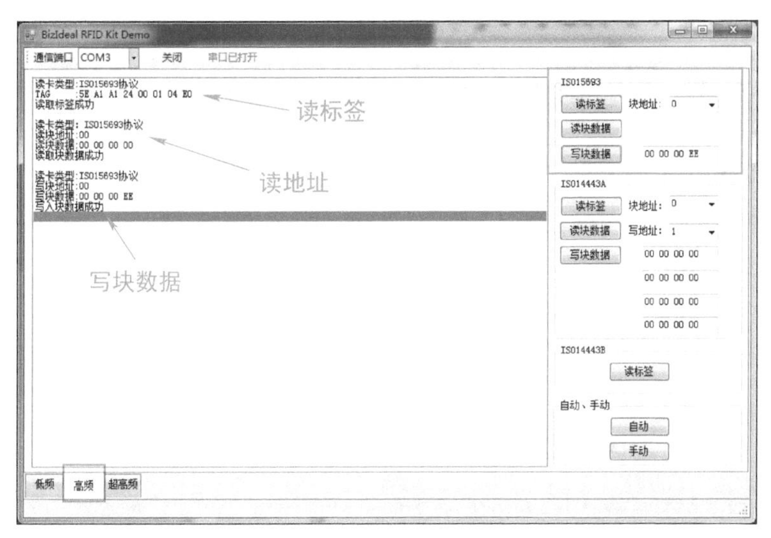

图3-44　高频标签读写

步骤4：超高频读写。

烧写：具体操作见步骤2。注意：选择超高频bin文件。

读写：断开J-link与主控板的连接，用15针软排线连接超高频板与主控板，用USB串口线连接主控板与计算机，用RFID超高频馈线连接超高频板与RFID超高频天线。打开上位机，选择“超高频”。单击“设置”按钮，选择默认设置，将超高频卡或超高频标签放在天线上，单击“开始工作”按钮，可以听到“滴滴”声，数据显示“次数”不断增加，单击“停止工作”按钮，停止读取，操作如图3-45所示。

图3-45　超高频卡或超高频标签读地址

在“写入”文本框写入新的地址，单击“读取”按钮，即可读取新写入的地址，操作如图3-46所示。

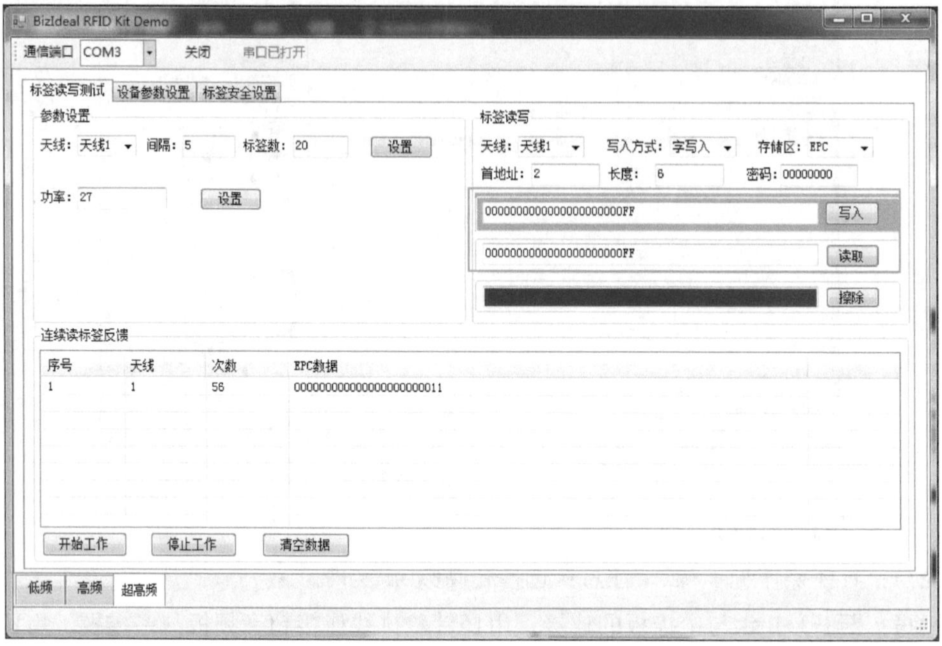

图3-46　超高频卡写地址

3.3.3　门禁系统模块介绍

本实训系统由RFID模块和LCD显示器模块组成，RFID模块包含读卡区、蜂鸣器和复位键，LCD显示器模块包含一块LCD显示屏。RFID模块如图3-47所示。LCD显示模块如图3-48所示。

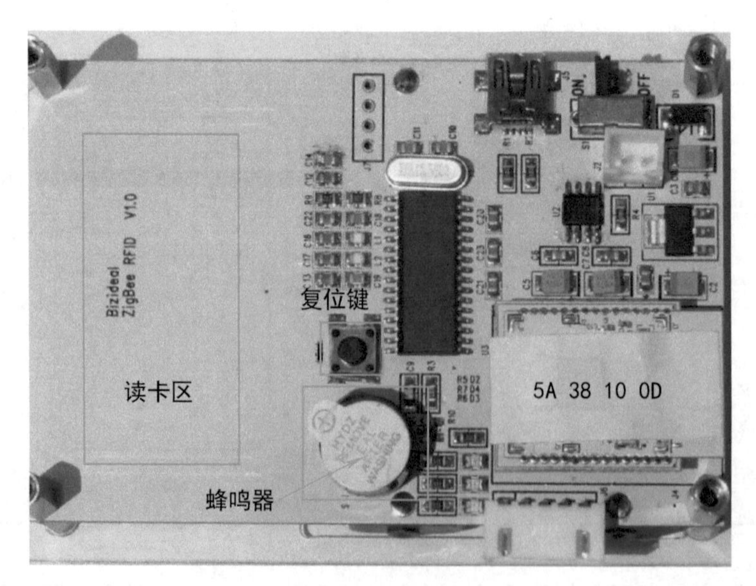

图3-47　RFID模块

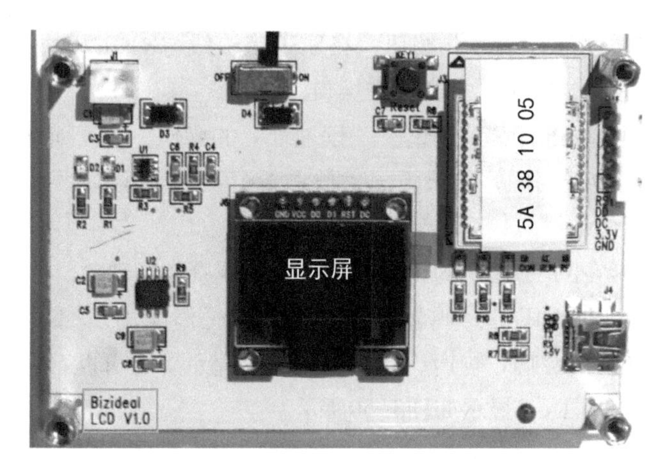

图3-48　LCD显示模块

3.3.4　门禁系统实训步骤

步骤1：烧写代码，具体操作参考2.3.1节中的内容。

步骤2：打开配置工具 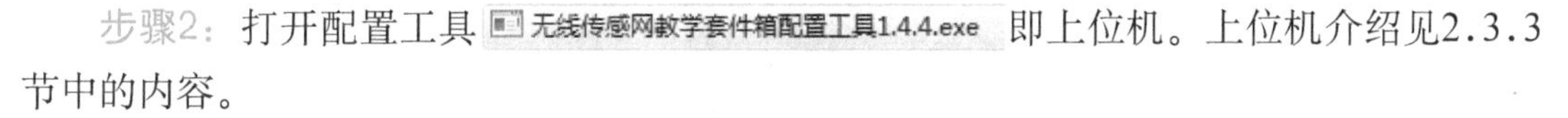 即上位机。上位机介绍见2.3.3节中的内容。

步骤3：将USB串口线与LCD模块连接，打开LCD模块，查找、选择并打开可用端口。

注意：查看计算机的可用端口的方法见2.3.3节中的内容。

步骤4：单击“读地址”按钮可读取LCD模块的地址，记下此时的数据，操作如图3-49所示。

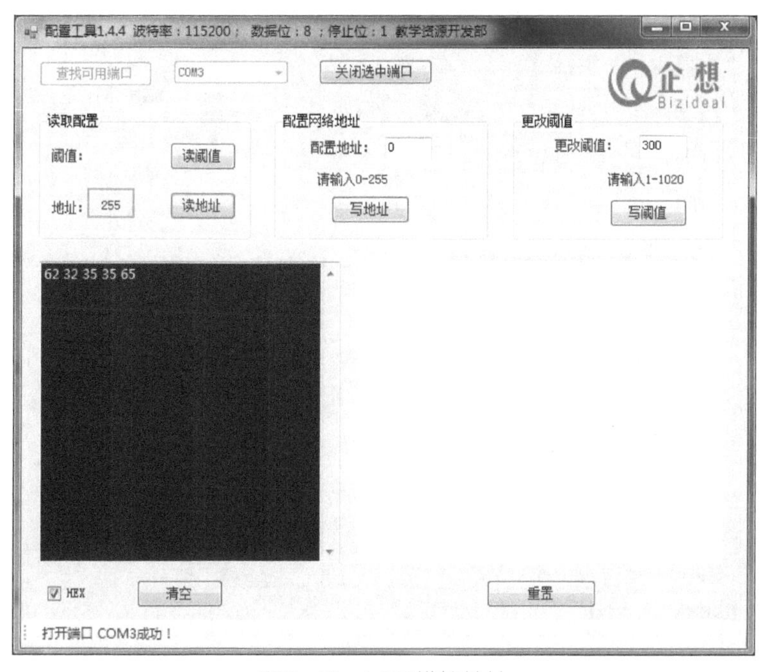

图3-49　LCD模块地址

步骤5：单击“关闭选中端口”按钮，将USB串口线与RFID模块连接，打开RFID模块（开关置于“ON”），单击“打开选中端口”按钮。

步骤6：对RFID模块进行“读阈值”“读地址”的操作，在读地址时要注意查看其地址是否与LCD模块的地址相同，如果不同，要重新配置RFID模块的地址，以保证网络地址相同并可以正常通信。

步骤7：将门禁卡在RFID模块的读卡区域刷卡，观察实训现象。

实训现象：刷卡时RFID的蜂鸣器发出“嘀”的一声响声，如果卡一直放在读卡区域，则蜂鸣器会一直发出“嘀”响声。在LCD模块的显示屏上可以看到一串数字，这一串数字代表门禁卡的UID。LCD显示如图3-50所示。

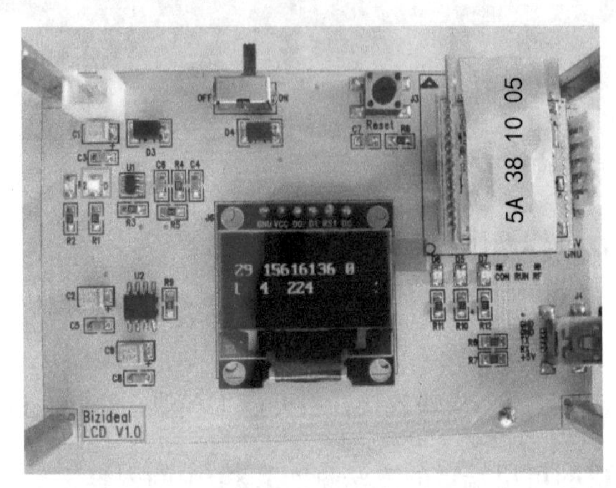

图3-50　LCD显示

此时上位机显示的门禁卡UID如图3-51所示。

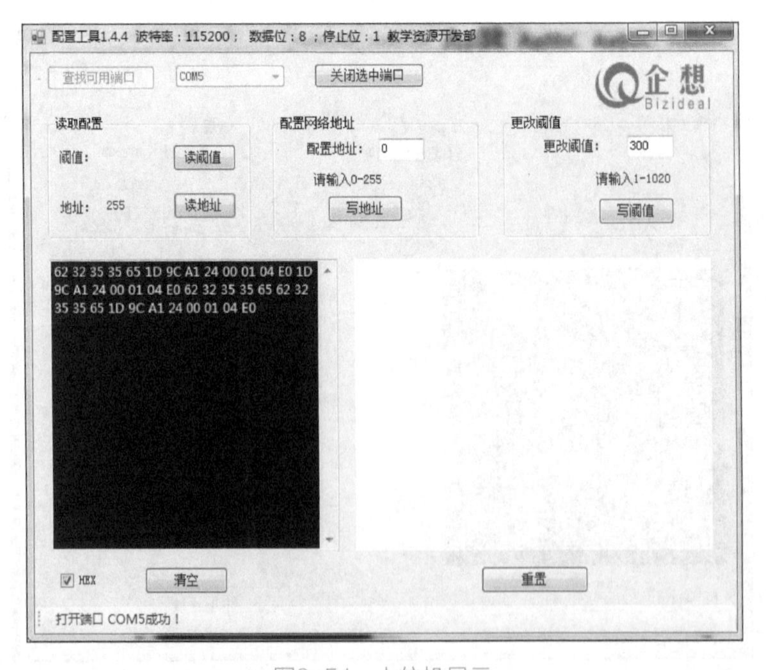

图3-51　上位机显示

习题3-3

1）改变LCD模块或RFID模块的地址，观察门禁卡能否正常使用。

2）与同学交换门禁卡，试一试能否达到正常的实训效果。为什么？

3）在T5557的读写操作中，“读地址”“写地址”处选择的数据不一样时，数据显示的结果有什么不同？

4）试改变T5557中4个字节中的任意字节，进行数据读写操作，观察数据的显示；改变“写地址”“读地址”处的数据，进行数据读写操作，观察数据的显示，测试T5557卡一共可以存放多少字节的信息。

5）为什么ID4100钥匙扣只能读地址而不能写地址？

6）“读地址”“写地址”处的数据代表什么含义？与十六进制的单字节整数有什么关系？

7）改变超高频卡与天线的距离，观察超高频灵敏度，说出灵敏度和距离与天线的哪些因素有关。

3.4 门禁系统实训2

门禁系统实训包括门禁系统模块介绍以及相应的实训步骤——搭建门禁布局、实现门禁控制。通过此实训，可实现利用移动终端控制门禁的开启。

3.4.1 门禁系统模块介绍

RFID门禁的安装需要完成变压器、电插锁、门禁、手动开关、门铃、手动门铃与端子板的连接。接线的操作步骤如下：

1）准备7根红线和7根黑线。

2）先用一根红线连接电插锁的L+接线端和变压器NO接线端，再用一根黑线连接电插锁L-接线端和变压器COM-接线端。

3）先用一根红线连接电插锁+12V接线端和变压器+12V接线端，再用一根黑线连接电插锁-12V接线端和变压器的GND接线端。

4）先用一根红线将变压器PUSH接线端与RFID门禁检测输出的正极相连，再用一根黑线将变压器GND接线端和RFID门禁检测输出的负极相连。

5）先用一根红线将变压器的+12V接线端与RFID门禁DC-12V输入的正极相连，再用一根黑线将变压器GND接线端与RFID门禁DC-12V输入的负极相连。

6）先用一根红线将手动开关的任意一个接线端和RFID门禁检测输出的正极相连，再用一根黑线将手动开关的其他一个接线端和RFID门禁检测输出的负极相连。

7）先用一根红线将门铃开关的任意一个接线端与门铃的除黑线和红线以外的任何一根线（如绿线）相连，再用一根黑线将门铃开关的另一个接线端与门铃的除黑线和红线以外的另外一根线（如黄线）相连。

8）先用一根红线将门铃的红线和RFID门禁的DC-12V输入的正极相连，再用一根黑线将门铃的黑线与RFID门禁DC-12V输入的负极相连。

RFID门禁的接线拓扑图如图3-52所示。

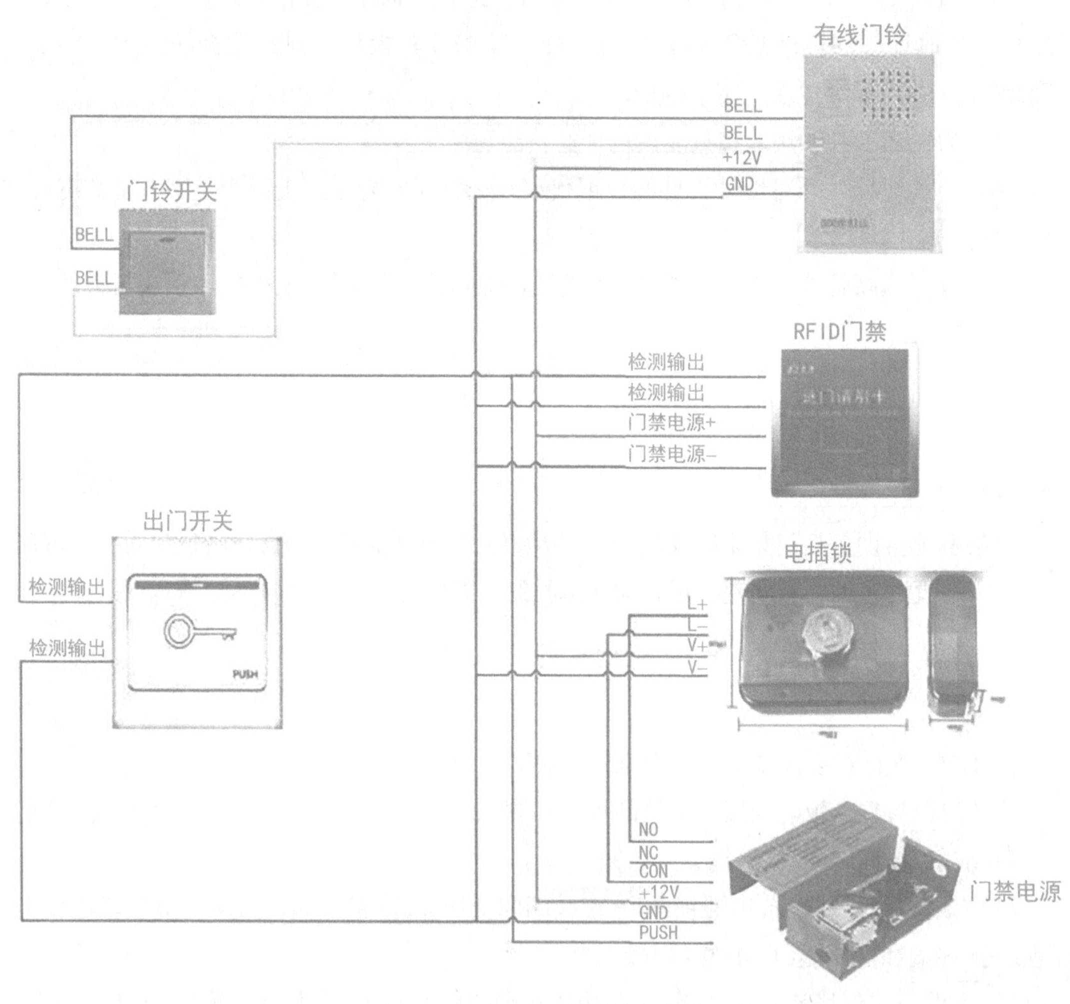

图3-52　RFID门禁接线拓扑图

3.4.2　门禁系统实训步骤

门禁系统实训步骤包括搭建门禁布局以及实现控制。

1. 搭建门禁布局

门禁系统布局代码，如下。

```
<RelativeLayout
    android:layout_width="150dp"
    android:layout_height="100dp"
    android:layout_marginStart="20dp"
    android:background="@drawable/bg_sensor">
    <ImageView
        android:id="@+id/imageView33"
        android:layout_width="40dp"
        android:layout_height="40dp"
        android:layout_marginTop="15dp"
        android:layout_alignParentLeft="true"
        android:layout_alignParentStart="true"
        android:layout_alignParentTop="true"
        android:layout_marginLeft="23dp"
        android:layout_marginStart="10dp"
        app:srcCompat="@drawable/icon_door" />
    <TextView
        android:id="@+id/textView133"
        android:layout_width="wrap_content"
        android:layout_height="wrap_content"
        android:layout_alignLeft="@+id/imageView33"
        android:layout_alignStart="@+id/imageView33"
        android:layout_below="@+id/imageView33"
        android:text="门禁"
        android:textColor="#000000"
        android:layout_marginLeft="7dp"
        android:layout_marginTop="5dp"/>
    <ToggleButton
        android:id="@+id/tb_ door"
        android:layout_width="30dp"
        android:layout_height="30dp"
        android:layout_marginLeft="100dp"
        android:layout_marginTop="50dp"
        android:textOn=""
        android:textOff=""
        android:button="@drawable/kg"
        android:background="@null"/>
</RelativeLayout>
```

2. 实现门禁控制

门禁系统控制代码，如下。

```
case R.id. tb_ door:
    if(tbDoor.isChecked()){
        ControlUtils.control( ConstantUtil.RFID_Door, "", ConstantUtil.CmdCode_2,
ConstantUtil.Channel_1, ConstantUtil.Open );
    }else {
        ControlUtils.control( ConstantUtil.RFID_Door, "", ConstantUtil.CmdCode_2,
ConstantUtil.Channel_1, ConstantUtil.Open );
    }
    break;
```

门禁系统实训的实现效果如图3-53所示，在移动终端软件界面上单击门禁的控制按钮，实现门禁的打开，开启门禁大概5s后会自动上锁。

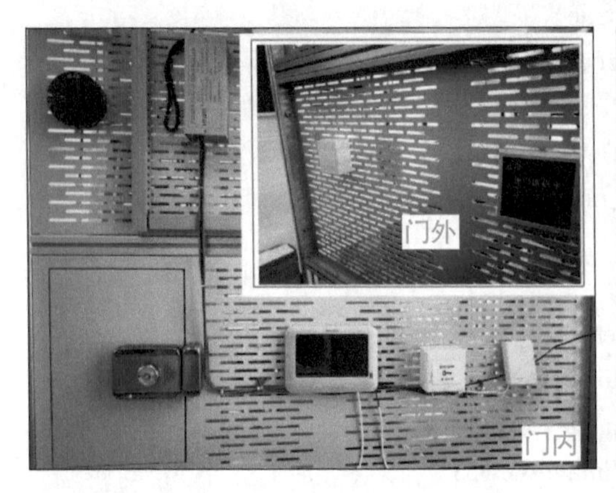

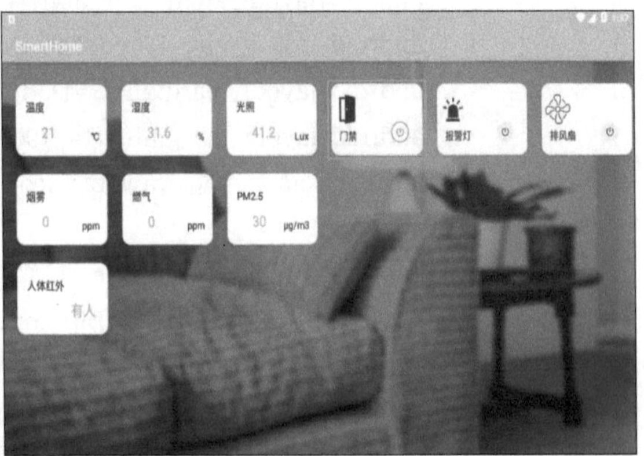

图3-53　门禁系统实训的实现效果

习题3-4

1）门禁系统实训模块由哪几部分组成?

2）如何用代码实现对门禁的控制?

单元小结

1）门禁系统又称进出管理控制系统或通道管理系统，用于管理人员进出，是一种数字化智能管理系统，应用的是射频识别技术。

2）门禁系统分为密码型门禁系统、刷卡式门禁系统和生物识别门禁系统。

3）密码型门禁系统是门禁设备中最常见、最简单也是应用时间最久的门禁控制设备。它主要用于保险柜等安全设备，通过输入密码判断来者的身份。

4）刷卡式门禁系统是目前生活中最常见到的门禁系统。刷卡式门禁系统又分为两类，即非接触式门禁系统和接触式门禁系统。

5）生物识别门禁根据人体不同的位置推出了不同的识别技术，比如，根据人们指纹的差异推出的指纹门禁，鉴别视网膜的虹膜门禁系统，鉴别骨骼差异的手掌门禁以及鉴别五官的人脸识别系统等。

6）RFID技术即射频识别技术，俗称电子标签，是一种通信技术，又称无线射频识别技术，可通过无线电信号识别特定目标并对特定目标进行相关数据的读写操作，而无须在识别系统与特定目标之间建立机械或光学接触。

7）从概念上来讲，RFID与条码扫描比较相似；从结构上讲，RFID是一种只有两个基本器件的简单无线系统，主要用于控制、检测和跟踪物体。

8）最基本的RFID系统由标签、阅读器和天线三部分组成。

9）RFID技术的基本结构由应答器、阅读器、应用软件系统组成。

10）应答器：由天线、耦合元件及芯片组成，一般情况下都是用标签作为应答器，标签附着在物体上来标识目标对象，每个标签都具有唯一的电子编码。

11）阅读器：与应答器一样，由天线、耦合元件和芯片组成，阅读器是用来读写标签信息的设备，常见的有手持式RFID读写器和固定式读写器。

12）应用软件系统：是应用层软件，主要用来进一步处理收集到的数据，并为人们所使用。

13）RFID射频识别是一种非接触式的自动识别技术，它通过射频信号自动识别目标对象并获取相关数据，识别过程自动进行，无须人工干预，不受环境影响，可工作于各种恶劣环境。

14）由RFID技术所衍生的产品主要有3大类：无源RFID产品、有源RFID产品和半有源RFID产品。

15）无源RFID产品：无源RFID产品是发展最早，最成熟，市场应用最广的产品，在日常生活中经常可以见到，比如，食堂餐卡、二代身份证、公交卡、银行卡、宾馆门禁卡等。

16）有源RFID产品：有源RFID产品是近几年才逐渐发展起来的，具有远距离自动识别的特性，因此具有巨大的应用空间和市场潜质，产品主要工作频率有三种，超高频433MHz、微波2.45GHz和5.8GHz。

17）半有源RFID产品：半有源RFID产品结合了有源RFID产品及无源RFID产品的优势，通过低频125kHz频率的触发，让微波2.45GHz发挥优势。

18）半有源RFID技术也可以叫作低频激活触发技术，利用低频近距离精确定位，微波远距离识别和上传数据，来实现单纯的有源RFID和无源RFID无法实现的功能。

19）RFID技术性能特点：数据存储容量大、读写速度快、使用方便、安全系数高、更耐用、感应效果更好。

20）RFID技术的基本工作原理：当标签进入磁场后，接收解读器发出的射频信号，凭借感应电流所获得的能量发送出存储在芯片中的产品信息或者主动发送某一频率的信号，解读器读取信息并解码后，送至中央信息系统进行有关数据的处理。

21）门禁卡里面有一个芯片，也就是RFID芯片，当人们拿着含有RFID芯片的门禁卡通过阅读机时，阅读机所发射出来的电磁波就会开始读取门禁卡里面的信息。门禁卡不仅可以进行信息的读取操作，还可以进行信息的写入、修改操作，因此门禁卡不只是个钥匙更是一张电子身份证。只要在芯片中写入用户的个人数据信息，在刷卡进入管理区域的时候就可以知道进出的是谁了。

22）RFID技术应用实例：射频门禁、电子溯源、食品溯源和产品防伪等。

23）本单元主要介绍了银行主动防御门禁系统与医院IP化门禁系统两种应用场景。

24）门禁系统实训1中实现了RFID模块与LCD显示模块的通信，低频钥匙扣、高频卡、超高频卡数据的读写。

25）门禁系统实训2中实现了对门禁的控制。

单元4

烟雾报警系统

学习目标

知识目标

- 了解常用烟雾传感器的类型及工作原理。
- 熟悉上位机、继电器模块和烟雾传感器模块。
- 掌握烟雾传感器和继电器之间数据传递的过程。

能力目标

- 能进行传感器模块和烟雾传感器模块的通信实训操作。
- 会搭建烟雾探测系统布局，实现烟雾探测器数据采集。

素质目标

- 培养严谨认真的工作作风和一丝不苟的敬业精神。
- 通过实训，培养安全文明生产意识，树立安全责任观。

4.1 烟雾报警系统介绍

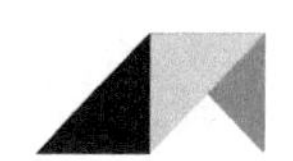

烟雾报警系统是一款非常重要的安防产品，即使在掉线状态或者没有网关的情况下也是可以工作的。除了不能给手机、平板计算机等移动设备发送报警消息以外，本地报警与切断总开关是完全可以的，可以全面保障用户家庭的安全，避免因可燃气体泄漏引发火灾。烟雾报警器如图4-1所示。

图4-1　烟雾报警器

4.1.1　烟雾报警系统功能简介

烟雾探测器，如图4-2所示。它广泛用于家庭厨房中，通过监测烟雾的浓度来实现对火灾的防范，特别是在火灾初期、人不易察觉的时候就进行报警。

以厨房智能防火系统为例，介绍烟雾报警系统的规划与安装。厨房智能防火设计通常包括家用火灾报警探测器、家用火灾控制器和火灾声报警器等。

1. 感觉器官——火灾报警探测器

火灾报警探测器主要作用是探测环境中是否有火灾发生。火灾报警探测器一般用可燃气体传感器（见图4-3）和烟雾传感器。生活中，为了家庭安全，厨房及每间卧室都应该分别设置一个火灾报警探测器。

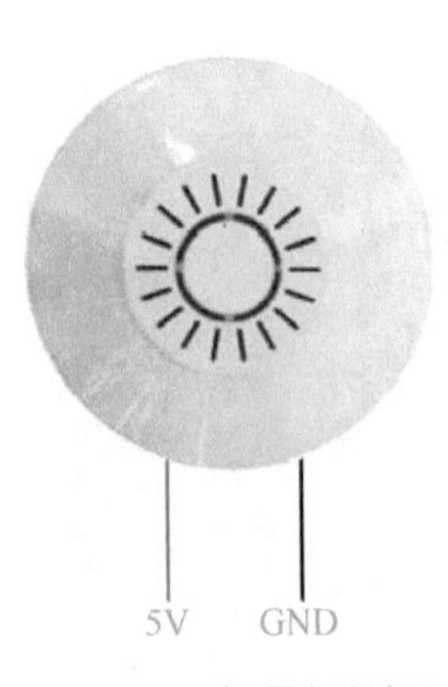

图4-2　烟雾探测器

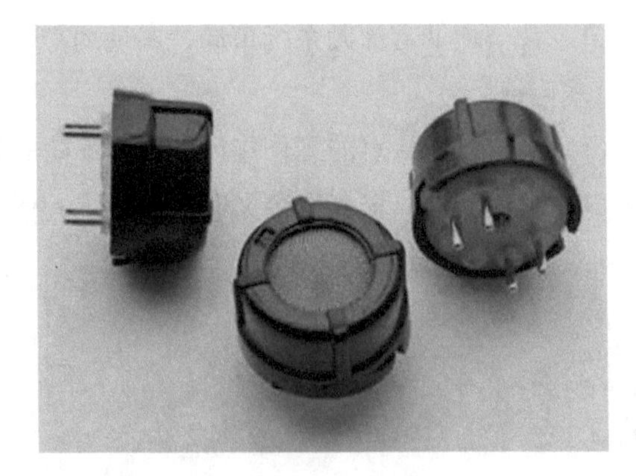

图4-3　可燃气体传感器

在厨房设置可燃气体传感器时，要注意以下5点。

1）若厨房使用的是液化气，应选择丙烷探测器，并将其设置在厨房下部。

2）若厨房使用的是天然气，应选择甲烷探测器，并将其设置在厨房顶部。

3）连接燃气灶具的软管及接头在橱柜内部时，探测器应设置在橱柜内部。

4）可燃气体探测器不应设置在灶具上方。

5）要注意联动功能，这样便可自动关断燃气的可燃气体探测器，联动的燃气关断阀应设置为用户可以自己复位的关断阀，还要具有胶管脱落自动保护的功能。

2. 人为操纵——火灾报警控制器

厨房火灾报警控制器应独立设置在明显的、便于操作的位置，当采用壁挂方式安装时，底边离地面应有1.3～1.5m。火灾报警控制器能够通过联动控制电气火灾监控探测器的脱扣信号输出来切断供电线路或控制其他相关设备。火灾报警控制器如图4-4所示。

图4-4 火灾报警控制器

3. 高声报警——火灾声报警器

一旦发生火情，火灾声报警器可以在还没有产生明火的时候就探测到火情，发出高声报警，并在几秒之内迅速给家人或小区保安或物业传递远程报警信号，第一时间通知相关人员赶到着火地点及时进行火灾抢救。火灾声报警器一般具有语音功能，能接收联动控制或由手动火灾报警按钮信号直接控制发出警报。火灾声报警器如图4-5所示。

图4-5 火灾声报警器

4.1.2 烟雾报警系统传感器

烟雾报警系统通过烟雾探测器来检测烟雾浓度，以此实现对火灾的防范。

烟雾探测器是一种将空气中的烟雾度变量转换成有一定对应关系的输出信号的装置，如图4-6所示。

a）

b）

图4-6 烟雾探测器

a）正面图 b）背面图

烟雾传感器可分为光电式烟雾传感器和离子式烟雾传感器2种。

1. 光电式烟雾传感器

光电式烟雾传感器由光源、光电元器件和电子开关组成，如图4-7所示。它是利用光散射的原理对火灾初期产生的烟雾进行探测，并且及时发出报警信号。按照光源的不同，可分为一般光电式、紫外光光电式、激光光电式和红外光光电式4种。

光电式烟雾传感器内部有一个光学迷宫，安装了红外对管。无烟时红外接收管接收不到红外发射管发出的红外光线，当烟尘进入光学迷宫时，通过折射、反射，接收管接收到红外光，智能报警电路会判断是否超过阈值，如果超过则立即发出警报。

光电式烟雾传感器的发展很快，种类逐渐增多，就其功能而言，它能实现早期火灾报警（除应用于大型建筑物内部外），还特别适用于电气火灾危险性较大的场所，如计算机房、仪器仪表室、隧道和电缆沟等处。

2. 离子式烟雾传感器

离子式烟雾传感器是由两个内含镅241放射源的串联室、场效应管及开关电路组成的，如图4-8所示。内电离室即为补偿室，是密封的，外面的烟不易进入；外电离室即检测室，是开孔的，外界的烟能够顺利进入。在串联的两个电离室两端直接接入24V直流电源。当火灾发生时，烟雾进入检测电离室，镅241产生的α射线被阻挡，使其电离能力降低，因而电离电流减少，检测电离室空气的等效阻抗增加，而补偿电离室因无烟进入，电离室的阻抗保持不变，因此，引起施加在两个电离室两端分压比的变化。在检测电离室两端的电压增加量达到一定值时，开关电路动作、发出报警信号。

图4-7 光电式烟雾传感器

图4-8 离子式烟雾传感器

习题4-1

结合下面的材料，试分析影响烟雾浓度值的因素有哪些。

MQ—2烟雾传感器是半导体传感器，用于测量可燃气体、烟雾的浓度。适用于家庭或工厂的气体泄漏监测装置，可监测液化气、丁烷、丙烷、甲烷、酒精、氢气、烟雾等。

注意，这种传感器对于气体、烟雾浓度的测量能力是会被“消耗”的。当接触的可燃气体、烟雾的数量达到一定程度时就会失效。所以只能用来检测偶尔出现的可燃气体（如用在火灾报警器上），用作连续测量时很快就会失效。

4.2 常见烟雾报警系统应用

4.2.1 烟雾报警系统应用技术

从内在原理来说，烟雾报警器就是通过监测烟雾的浓度来实现对火灾的防范的，烟雾报警器内部采用离子式烟雾传感器，它是一种技术先进、工作稳定可靠的传感器，被广泛运用到各种消防报警系统中，性能远优于气敏电阻类的火灾报警器。它在内外电离室里面有放射源镅241，电离产生的正、负离子在电场的作用下各自向正负电极移动。在正常的情况下，内外电离室的电流、电压都是稳定的。一旦有烟雾窜逃外电离室，干扰了带电粒子的正常运动，电流、电压就会有所改变，破坏了内外电离室之间的平衡。于是无线发射器发出无线报警信号，通知远方的接收主机，将报警信息传递出去。

4.2.2 烟雾报警系统应用场景

烟雾报警系统是防止火灾最重要的手段之一，它的作用是探测到由大量烟雾导致的火灾时会主动发出警报，烟雾报警器的灵敏度要根据地理位置与应用的环境来考虑，这样才可能达到使用者需要的效果。

1. 空气采样烟雾探测报警系统

空气采样（吸气式）烟雾探测报警系统是一种基于激光散射探测原理和微处理器控制技术的烟雾探测系统，如图4-9所示。该系统的工作原理是通过分布在被保护区域内的采样管网采集空气样品，经过一个特殊的两级过滤装置滤掉灰尘后送至一个特制的激光探测腔内进行分析，将空气中由于燃烧产生的烟雾微粒加以测定，由此给出准确的烟雾浓度值，并根据系统事先设定的烟雾报警阈值发出多级火灾警报。

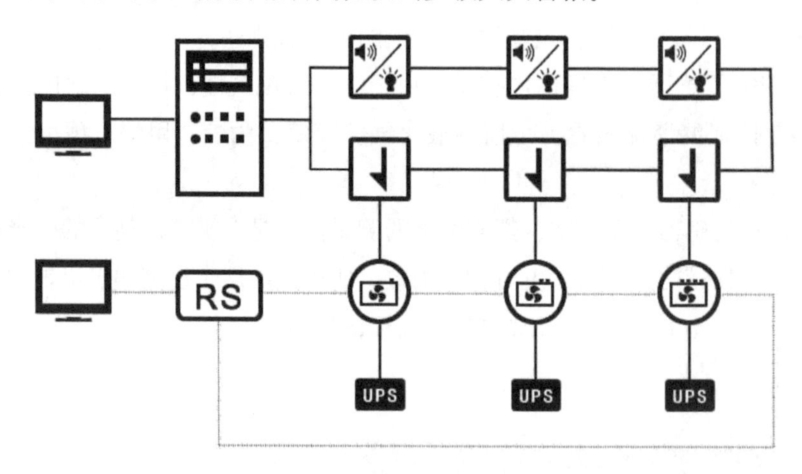

图4-9 空气采样烟雾探测报警系统

空气采样烟雾探测报警系统由探测器、采样管网、专用电源、过滤器、管道吹洗阀门和三通组件等组成。可通过探测器自带的继电器与传统消防报警系统的输入模块相连接，实现与现场消防设施的联动功能。

空气采样烟雾探测报警系统的设计理念是在火灾发生初期（过热、闷烧或气溶胶初步生成等无可见烟雾生成阶段）即发出火灾预警，报警时间比传统的烟雾探测器要早好几个小时，因而可以做到及早探测、及早处置，将火灾造成的损失降到最小。相比传统的火灾报警系统，空气采样烟雾探测报警系统具有以下特点。

（1）探测灵敏度高，报警阈值调节范围广

空气采样烟雾探测报警系统的激光源运行稳定，误报率极低，灵敏度比传统的点式感烟探测器高1000倍左右，不但可以在火灾发生初期发现产生的常规火情，也可以发现由于线路过载造成的电缆绝缘皮软化所产生的微小烟雾颗粒，从而做到及早报警、及早处置，并为人员的有序疏散提供了宝贵的时间。

（2）多级报警，提高火灾报警系统性能

空气采样烟雾探测报警系统可提供四级烟雾报警（报警、行动、火警1、火警2）模式和四级气流报警（紧急低气流、低气流、高气流、紧急高气流）模式，可以对低烟雾浓度的火灾初级阶段（例如，开关柜中发生的电气火灾）和烟雾快速增长的火灾（例如，蓄意纵火）都能够提供早期预警，各级烟雾和气流的报警阈值可以根据不同的要求和环境进行手动或自动设定。通过对系统报警阈值的设定和设定不同级别报警模式下的防灾救灾预案，可大大提高火灾报警系统的性能，真正做到火灾的及早报警、及早处置。

（3）系统具有自学习功能

空气采样烟雾探测报警系统具有烟雾和气流自动学习功能，可以根据用户所设定的学习时间不断取样分析，最终将最适合烟雾和气流的四级报警阈值设定好，在提高灵敏度的同时，尽可能地避免系统的误报警。

（4）探测器具有故障自诊断功能

探测器的故障自诊断功能不需要使用专业设备或计算机就可以实时、快速地将系统发生的故障诊断出来，便于及时维护和快速响应。

（5）系统管网布置方式灵活、美观

空气采样烟雾探测报警系统的采样管网布置灵活，主管道可以隐蔽安装，布置在不被发觉的吊顶里，而采样孔可以根据需要，通过毛细管道灵活布置在地铁车站站台、站厅顶部区域、设备走廊顶部区域、闷顶内、空调回风口和设备机柜内。这样既可以做到在烟雾运动的轨迹上进行拦截采样，又可以把采样点美观地融入装饰中，减少对公共区整体装修效果的破坏。相比之下，传统的点式探测器在遇到局部镂空吊顶时，为了符合消防规范的要求，需要在吊顶内和吊顶下方布置双层探测器，既增加了消防报警系统的造价，又因为需要预留探测器维护检修口而影响了公共区域的整体装修效果。

（6）系统施工简便、灵活

空气采样烟雾探测报警系统的安装和管路的施工非常简便、灵活。由于采样管道上没有任何电子元器件，所以既不需要预埋管道也不需要布线，只需要对采样管道进行固定（通常采用管卡或吊杆）即可，施工简便，耗时很短。

（7）系统运行维护成本较低

传统的普通烟感探测器需要定期拆卸进行清洁，以确保探测器能够按厂家标称的灵敏度进行探测。相比之下，空气采样烟雾探测报警系统的采样管道不含任何电子元器件，对环境的适应性强，仅需要对采样管网进行定期的气流吹洗就可以完成对系统的维护，不需要任何拆卸。空气采样烟雾探测报警系统还具有自身监控功能，能够主动提出维护要求，并进行在线维护。在维护期间，系统可正常运行，不仅降低了例行维护的成本，还提高了系统运行的可靠性。

空气采样烟雾探测报警系统的应用案例

在地铁中的某些区域，以空气采样烟雾探测报警系统替代传统感烟探测器是完全可行的，它是一种更有效、更可靠的技术选择。根据空气采样烟雾探测报警系统的特点，在地铁项目中，适宜应用的区域有：

1）车辆段、停车场。采用空气采样烟雾探测报警系统能克服传统对射式感烟探测器灵敏度低、受建筑变形和车辆振动需要经常进行调节、校准的缺点。

2）站台、站厅公共区和设备走廊。采用空气采样烟雾探测报警系统不仅能克服传统探测器安装、维护困难，影响吊顶装修效果的缺点，还能避免地铁活塞风对传统探测器灵敏度的影响，做到早期报警，早期疏散。

3）全线变电所和电缆夹层。采用空气采样烟雾探测报警系统能克服传统的感温电缆报警迟缓、易误报、不便维护的问题。

4）地铁中设有自动灭火系统的重要设备间和管理用房。在这些房间内采用空气采样烟雾探测报警系统，能做到火灾的早期预警，避免自动灭火系统的不必要启动。

2. 火灾报警器

火灾的起火过程一般情况下伴有烟、热、光3种燃烧产物。在火灾初期，由于温度较低，物质多处于阻燃阶段，所以产生大量的烟雾。烟雾报警器能对可见的和不可见的烟雾粒子进行检测，从而实现报警。火灾报警器是比较常见的烟雾报警器，如图4-10所示。

火灾报警器常见的应用场所有家庭住宅场所、商场、大型仓库、医院、KTV、其他公共场所等，如图4-11所示。

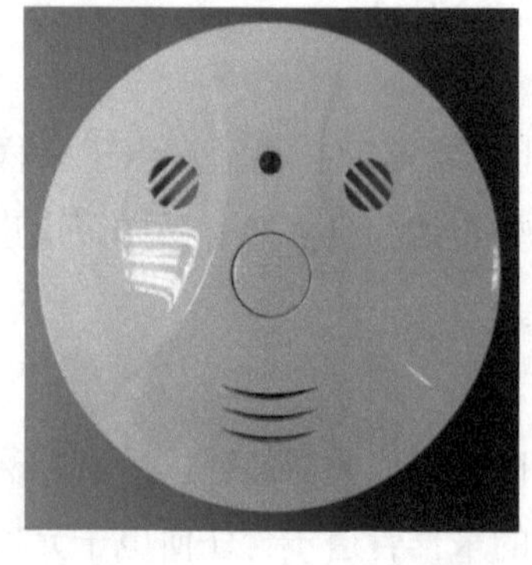

图4-10 火灾报警器

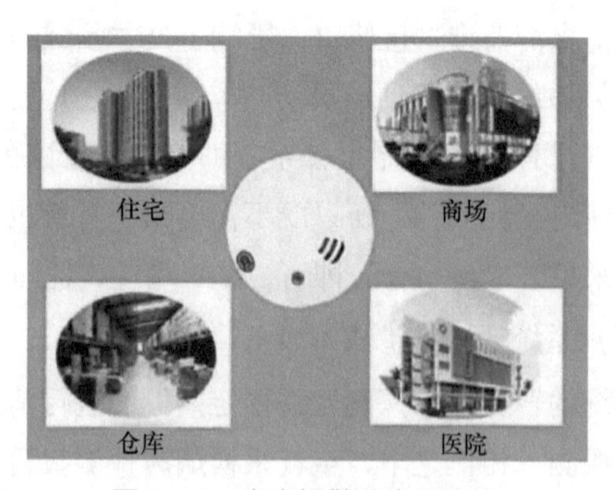

图4-11 火灾报警器常用场所

随着现代家庭用火、用电量的增加，家庭火灾发生的频率越来越高。家庭火灾一旦发生，很容易出现扑救不及时、灭火器材缺乏及在场人惊慌失措、逃生迟缓等不利因素，最终导致重大生命财产损失。所以对于火灾报警器的需求也变得迫在眉睫。

火灾报警器的主要功能

1）电气火灾监控报警功能。能以两总线制方式挂接EI系列剩余电流式电气火灾监控探测器，接收并显示火灾报警信号和剩余电流监测信息，发出声、光报警信号。

2）联动控制功能。能够通过联动盘控制电气火灾监控探测器的脱扣信号输出，切断供电线路或控制其他相关设备。

3）故障检测功能。能自动检测总线（包括短路、断路等）、部件故障、电源故障等，能以声、光信号发出故障警报，并通过液晶显示器显示故障发生的部位、时间、故障总数以及故障部件的地址和类型等信息。

4）屏蔽功能。能对每个电气火灾监控探测器进行屏蔽。

5）网络通信功能。具有RS—232通信接口，可连接电气火灾图形监控系统或其他楼宇自动化系统，自动上传电气火灾报警信息和剩余电流、温度等参数，进行集中监控、集中管理。

6）系统测试功能。能登录所有探测器的出厂编号及地址，根据出厂编号设置地址，可显示电气火灾监控探测器的剩余电流检测值，能够单独对某一探测点进行自检。

7）黑匣子功能。能自动存储监控报警、动作、故障等历史记录以及联动操作记录、屏蔽记录、开关机记录等。可以保存监控报警信息999条、其他报警信息100条。

8）打印功能。能自动打印当前监控报警信息、故障报警信息和联动动作信息，并能打印设备清单等。

9）为防止无关人员误操作，通过密码限定操作级别，密码可任意设置。

10）能进行主、备电自动切换，并具有相应的指示，备电具有欠电压保护功能，避免蓄电池因放电过度而损坏。

习题4-2

1）如果要在自己家安装烟雾报警器，你会选择在什么地方进行安装？

2）在日常生活中，人们经常在厨房中使用液化气、煤气作为燃料，但是这些气体有害且易爆炸，隐患事故多。首先，经常会因为操作错误或管道密封不好而出现漏气现象；其次，若气体泄漏时不能及时被发现和处理或泄漏气体遇明火发生爆炸，则会给家庭及邻居带来灾难性危害。

根据上述家庭厨房中存在的隐患，试设计一款厨房综合安全报警系统，可以对厨房火灾进行有效的监控和报警。

4.3 烟雾报警系统实训1

烟雾报警系统使用的主要装置是烟雾传感器和继电器模块，烟雾传感器主要用于感应周边环境烟雾的浓度，发生异常情况时便于提前感知从而作出相应的应对措施。接下来，通过实训理解烟雾报警系统的工作过程。

4.3.1 继电器模块与烟雾传感器模块介绍

继电器与烟雾传感器通信实训系统由继电器模块和烟雾传感器模块组成。节点型继电器模块，如图4-12所示。烟雾传感器MQ—2模块如图4-13所示。模块接线口如图4-14所示。模块复位键和开关如图4-15所示。供电电池如图4-16所示。

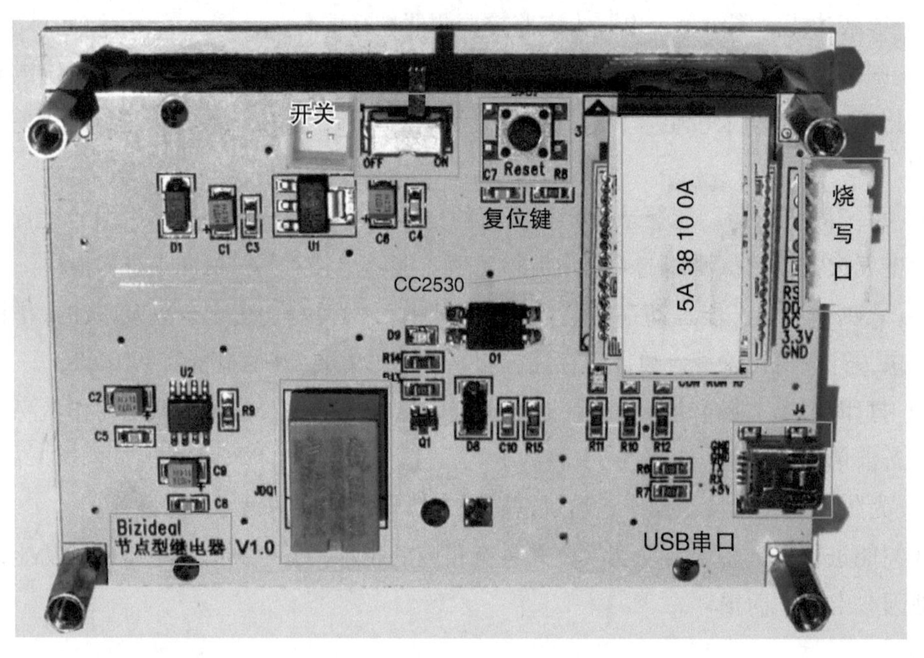

图4-12　节点型继电器模块

继电器模块为节点型继电器，在模块的正面有“节点型继电器”字样，通过字样和继电器元器件可以很方便地辨认出。它主要用来控制电路系统的互动关系。

实训中常用到的部位为USB串口：与USB串口线连接，在上位机对模块进行设置；烧写口：与烧写软排线连接，进行代码的烧写；开关：控制模块的打开与关闭；复位键：对模块做复位设置；CC2530芯片：开发板控制芯片。

烟雾传感器模块的正面有“烟雾MQ—2”字样，通过字样和MQ—2传感器可以很方便地辨认出。它主要用来检测周围烟雾浓度。实训过程中通过查看烟雾浓度显示屏来观察周围烟雾的浓度。

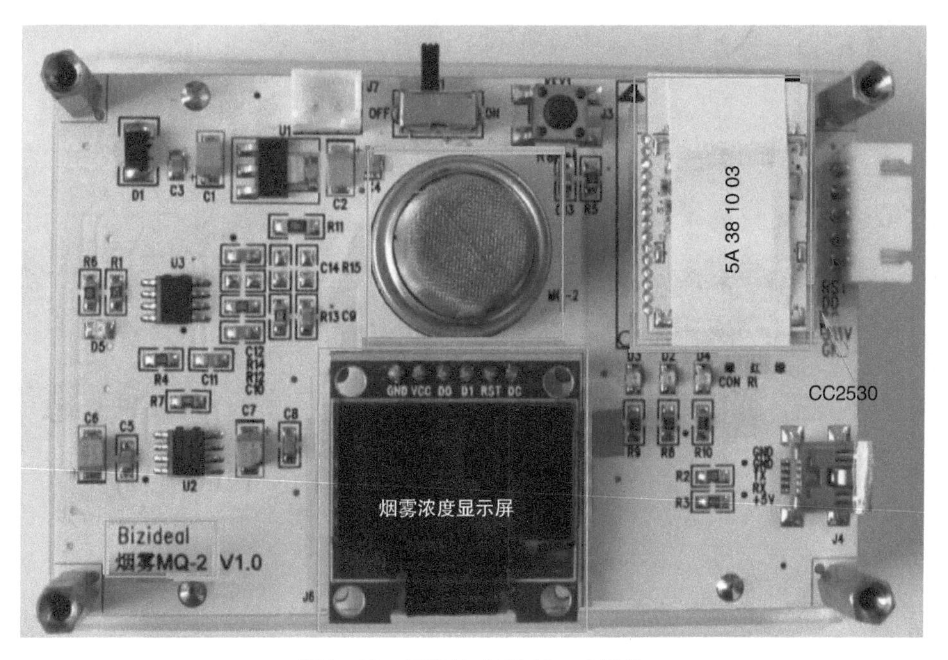

图4-13　烟雾传感器MQ—2模块

模块接线口有USB串口和烧写口。USB串口：与USB串口线连接，在上位机对模块进行设置。烧写口：与烧写软排线连接，进行代码的烧写。

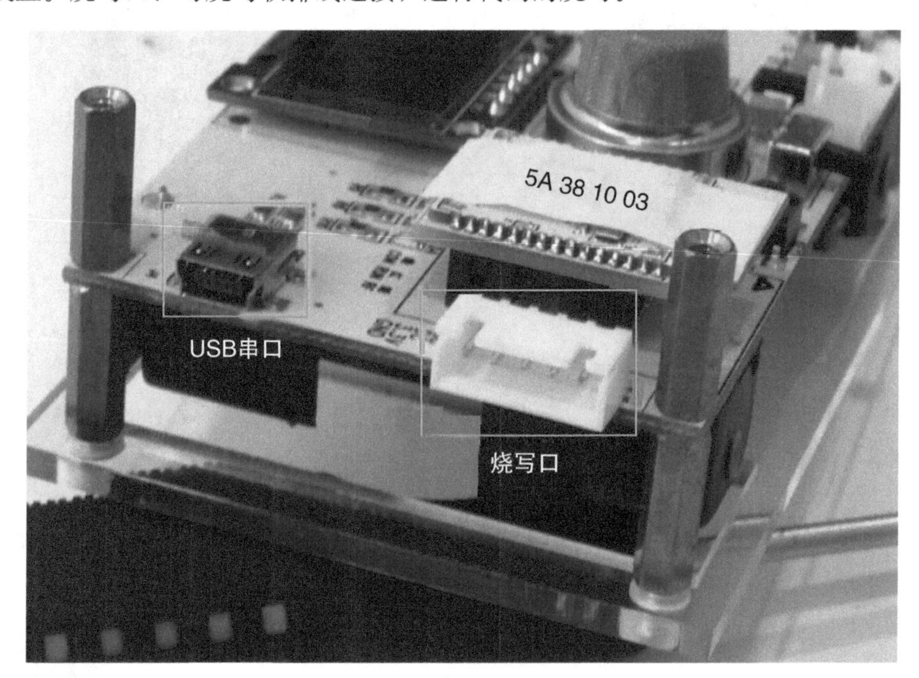

图4-14　模块接线口

复位键和开关功能如下。开关：控制模块的打开与关闭。复位键：对模块做复位设置。

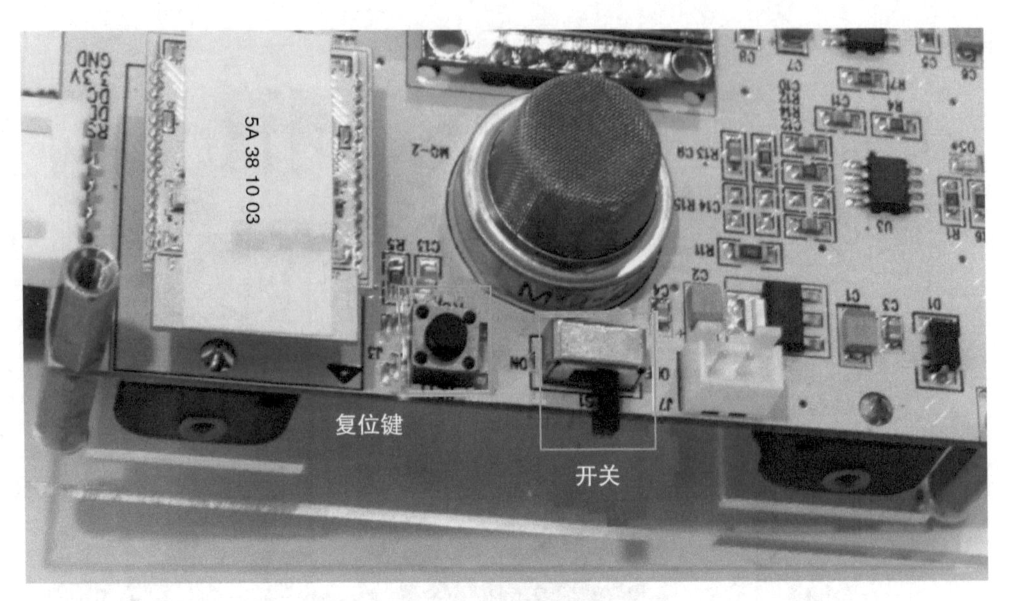

图4-15　模块复位键和开关

模块背面为供电电池，也可以用USB串口线与计算机USB接口连接对模块供电。

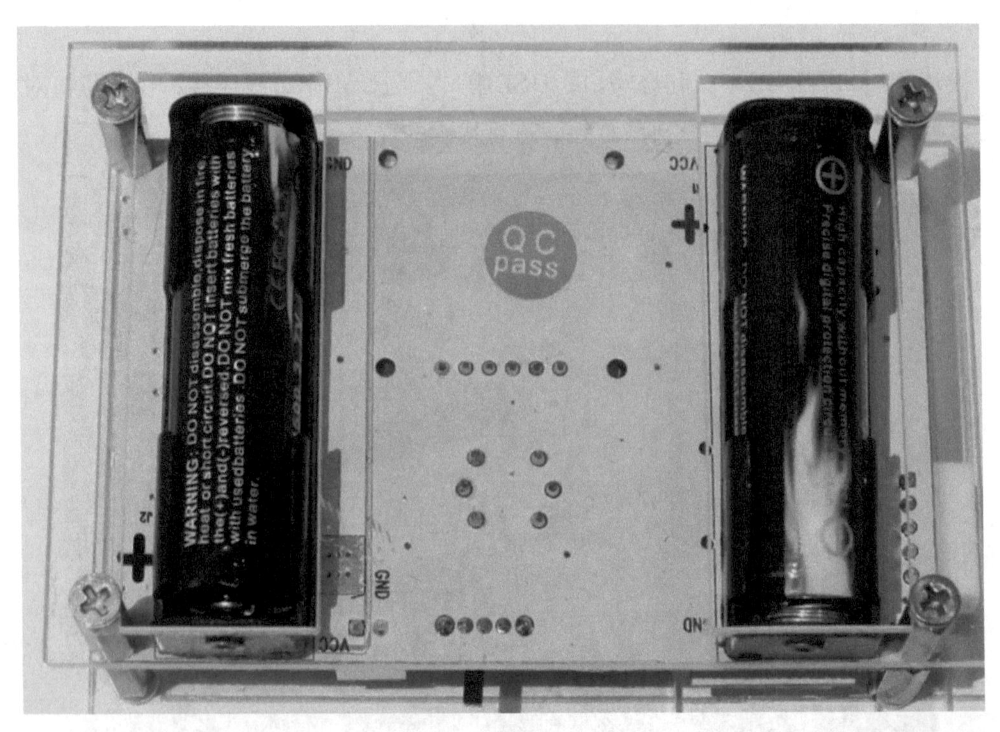

图4-16　供电电池

4.3.2　继电器模块与烟雾传感器模块通信实训步骤

扫码观看视频

步骤1：烧写代码，具体操作见2.3.1节中的内容。

步骤2：打开配置工具 无线传感网教学套件箱配置工具1.4.4.exe ，即上位机软件。具体操作见2.3.3节中的内容。

步骤3：将USB串口线与继电器模块连接，打开继电器模块（开关置于“ON”），选择“查找可用端口”→“COM3”→“打开选中端口”命令，此时“打开选中端口”变为“关闭选中端口”。如果端口选择错误，则可单击“关闭选中端口”按钮重新选择，如图4-17所示。

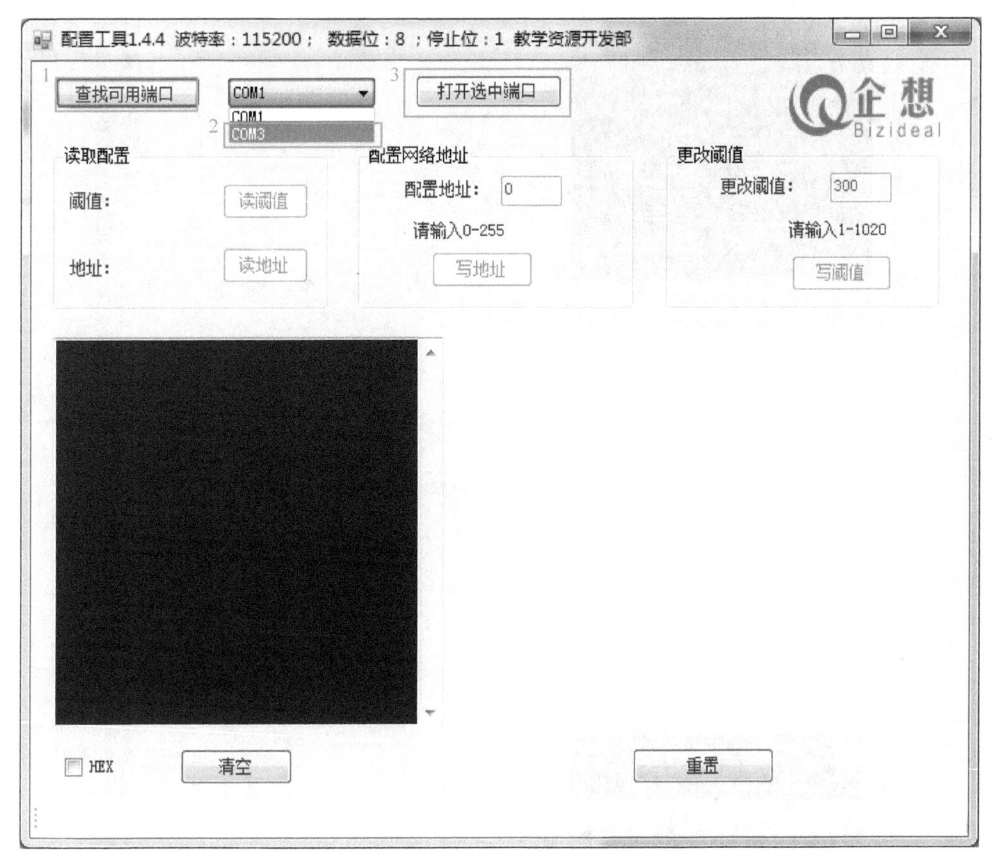

图4-17 选择可用端口

注意：查看计算机的可用端口的方法见2.3.3节中的内容。

步骤4：单击“读地址”按钮，可读取此时继电器模块的地址为16，如图4-18所示。记下此数据。

步骤5：单击“关闭选中端口”按钮，将USB串口线与烟雾传感器模块连接，打开烟雾传感器模块（开关置于“ON”），单击“打开选中端口”按钮。

步骤6：单击“读阈值”按钮，可读取此时烟雾传感器模块的阈值为130，如图4-19所示。

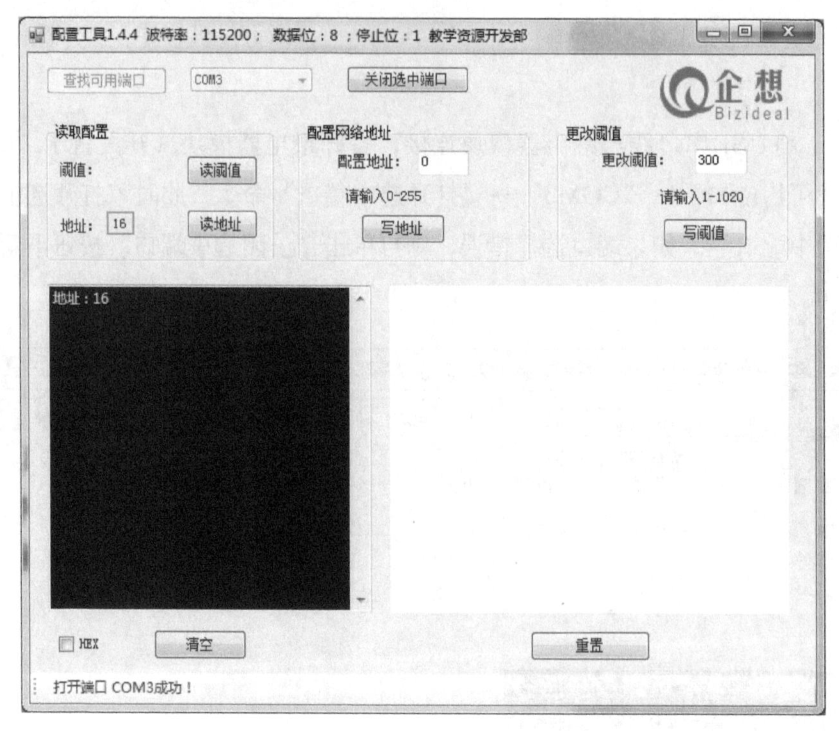

图4-18　读取继电器地址

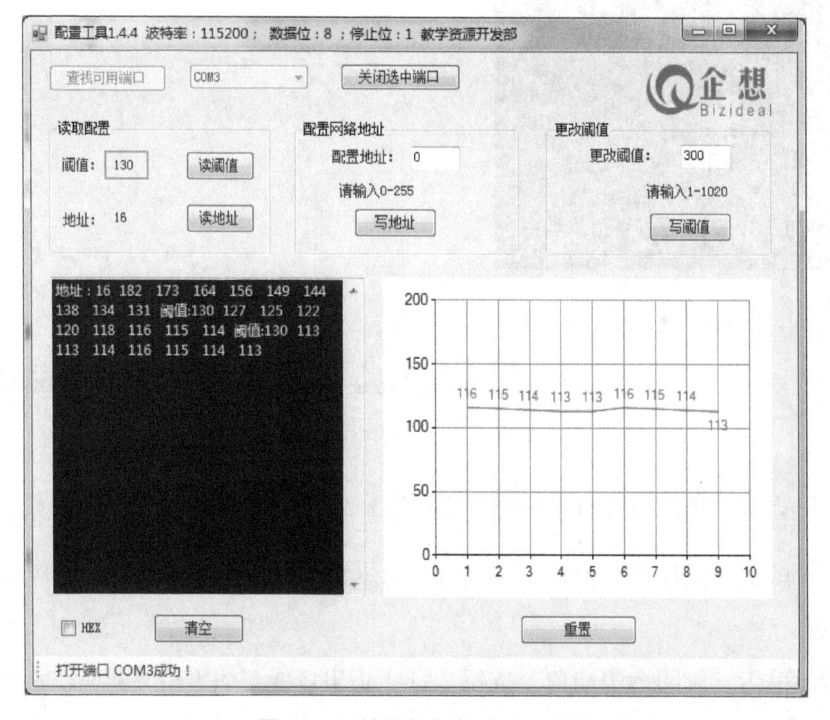

图4-19　读取烟雾传感器阈值

如果阈值不符合要求，则可在“更改阈值”文本框中重新改写为合适的阈值，如图4-20所示。

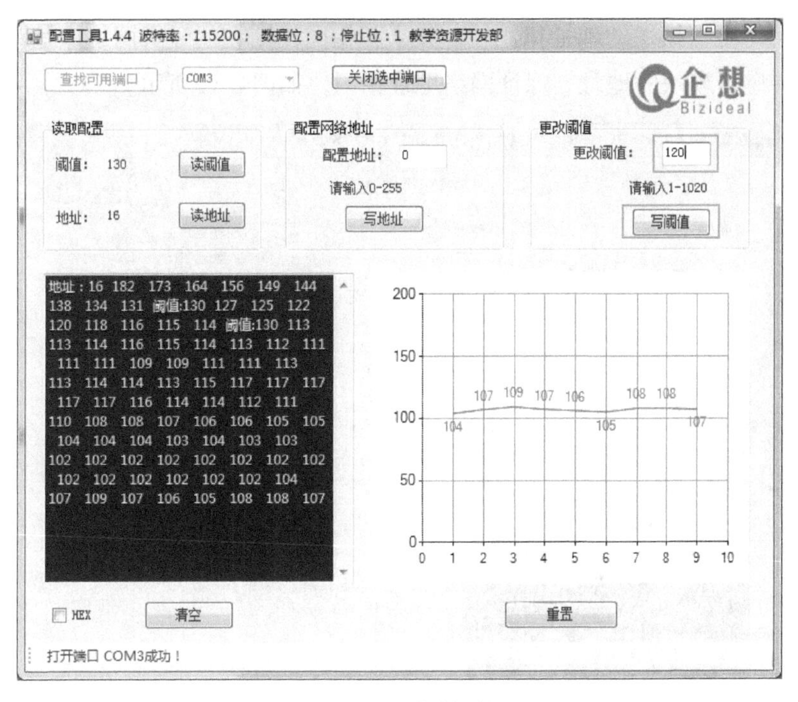

图4-20 更改阈值

在“更改阈值”文本框中输入合适的阈值后，单击“写阈值”按钮，在弹出的对话框中单击“确定”按钮，5s后按下烟雾传感器上的“复位键”，此时烟雾传感器模块的阈值改写成功，可单击“读阈值”按钮检查。

步骤7：单击“读地址”按钮，可读取此时烟雾传感器模块的地址为18，如图4-21所示。

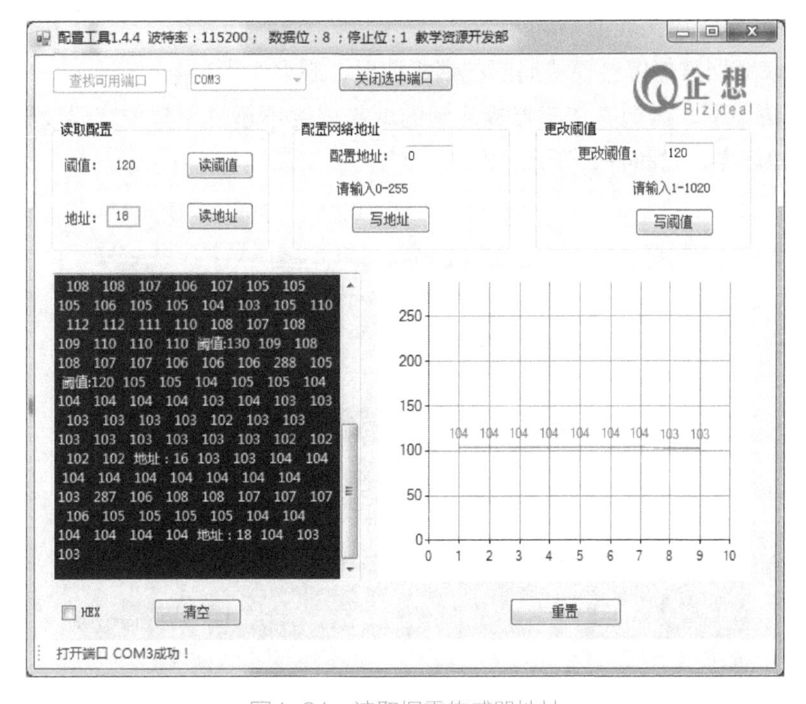

图4-21 读取烟雾传感器地址

与读取的继电器模块的地址相比较，如果不相同，则在“配置网络地址”选项组中重新配置烟雾传感器模块的地址，保证网络地址相同，如图4-22所示。

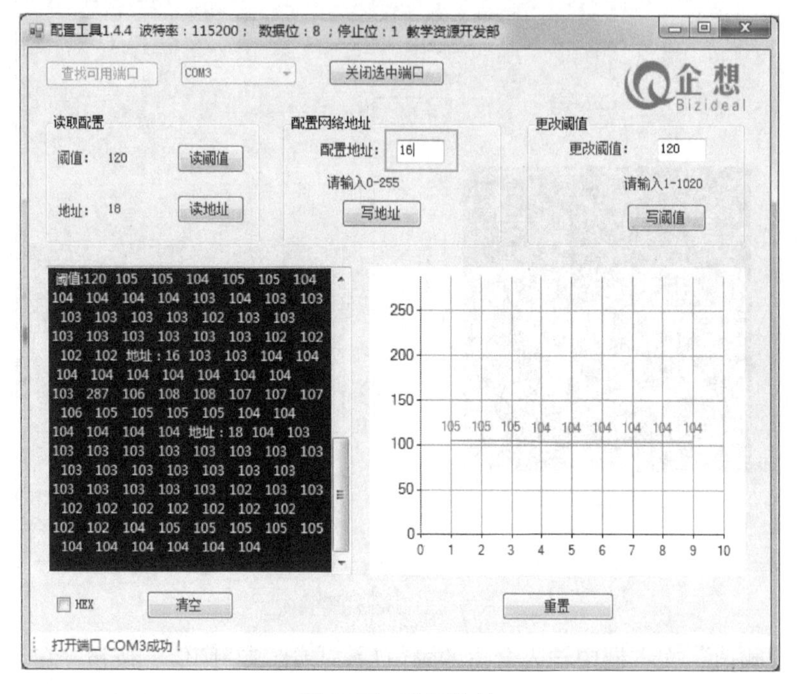

图4-22　改写地址

单击“写地址”按钮，在弹出的对话框中单击“确定”按钮，5s后按下烟雾传感器上的“复位键”，此时烟雾传感器的地址改写成功，可单击“读地址”按钮检查。两模块网络通信地址一致时可以实现通信。

步骤8：改变烟雾传感器模块周围的烟雾浓度，观察实训现象。

1）正常情况下，当烟雾传感器检测到的烟雾浓度不超过烟雾传感器设置的阈值时，继电器模块D9灯亮，如图4-23所示。

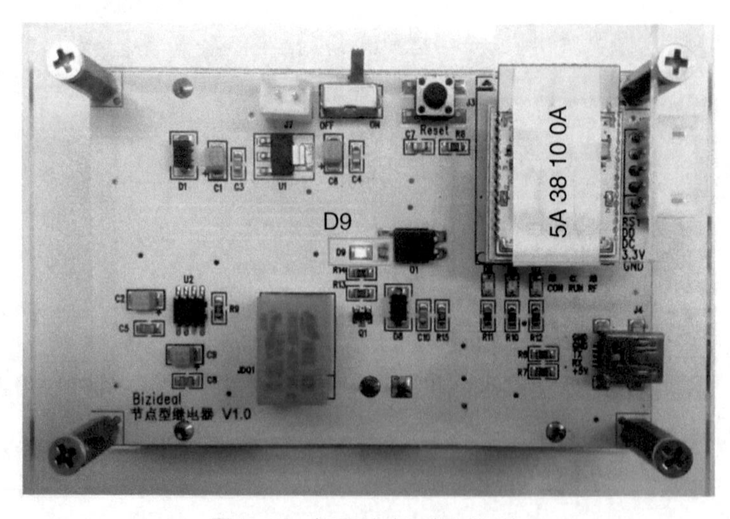

图4-23　烟雾浓度不超过阈值

2）当烟雾传感器检测到的烟雾浓度超过烟雾传感器设置的阈值时，继电器模块D9、D5灯交替闪烁，并伴有“滴答”声响，如图4-24所示。

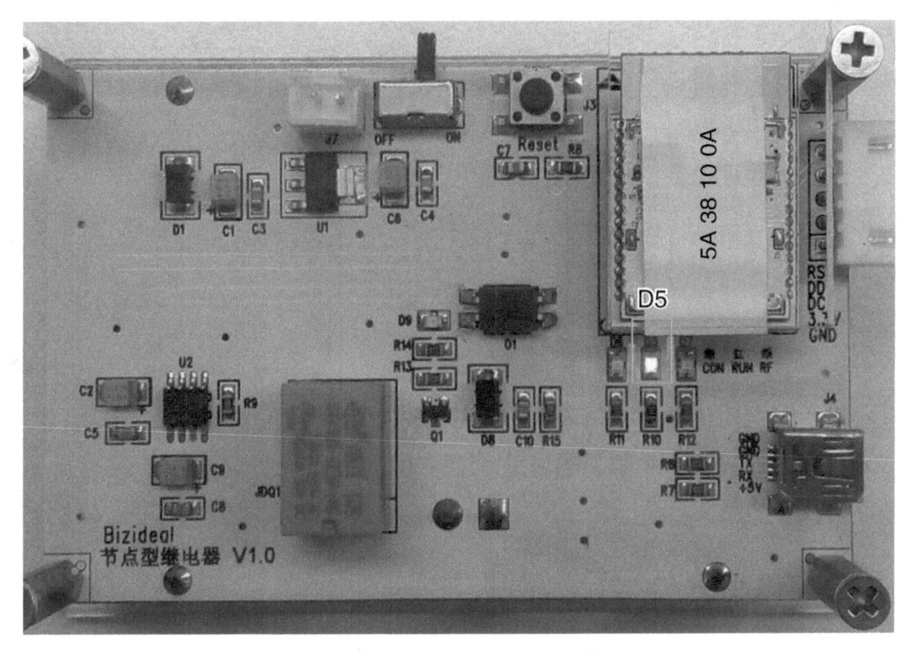

图4-24　烟雾浓度超过阈值

此时上位机烟雾浓度折线显示如图4-25所示。

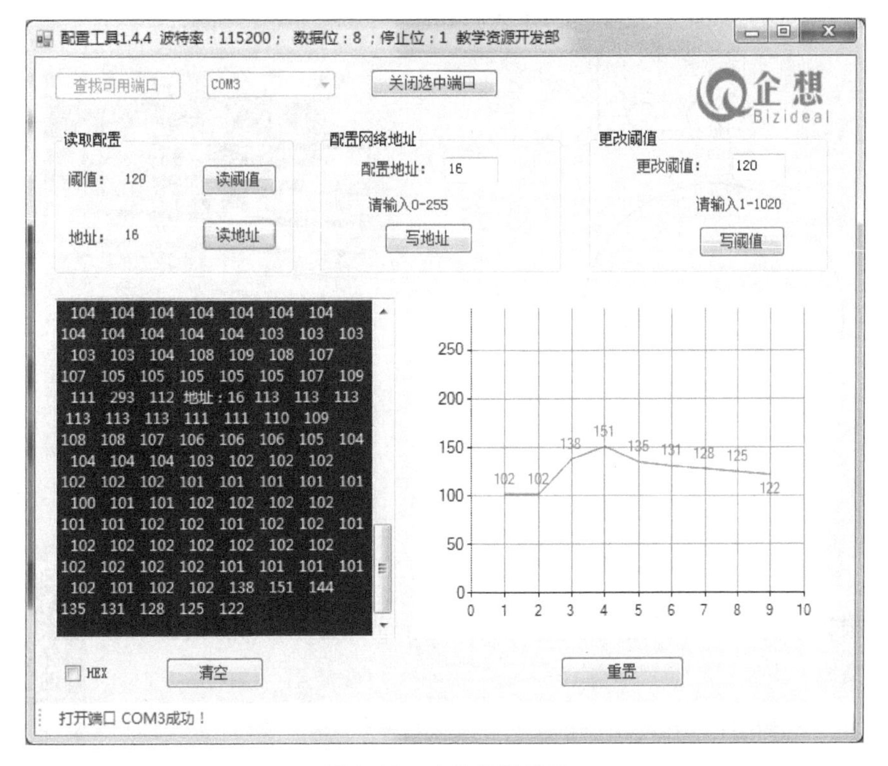

图4-25　上位机显示图

习题4-3

1）改变继电器模块或烟雾传感器模块的地址，当网络地址不一致时，观察对实训的影响。

2）改变烟雾传感器模块的阈值，观察不同阈值对实训的影响。

3）当没有可用电池时，是否能用USB接口线供电？

4）查资料估算理论上模块上的电池能用多久。

5）完成实训后，分小组讨论烟雾传感器的最佳阈值是多少，为什么？

4.4 烟雾报警系统实训2

烟雾报警系统实训包括烟雾报警系统模块介绍以及相应的实训步骤——搭建烟雾报警系统布局，实现烟雾数据的采集。通过此实训，可利用移动终端查看实时的烟雾数据。

4.4.1 烟雾报警系统模块介绍

烟雾报警器的安装，只需要完成供电即可。GND代表负极，5V代表正极和其额定电压值。接线时可以用红线分别连接端子板和烟雾报警器的正极，用黑线分别连接它们的负极。烟雾报警器的接线拓扑图和实物接线图如图4-26和图4-27所示。

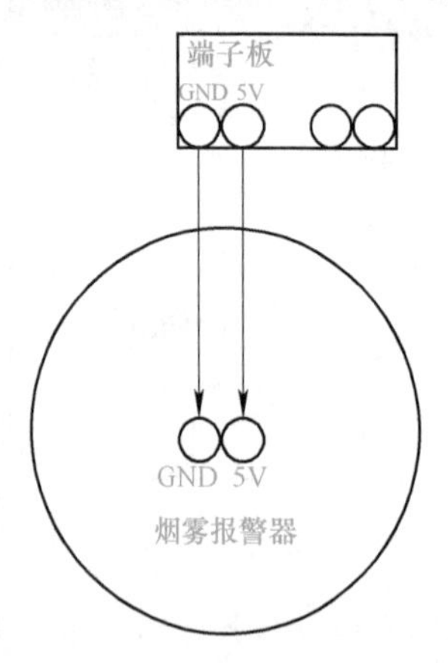

图4-26　烟雾报警器接线拓扑图

图4-27　实物接线图

4.4.2 烟雾报警系统实训步骤

烟雾报警系统实训包括搭建烟雾报警系统布局以及实现烟雾报警系统数据采集。

1. 搭建烟雾报警系统布局

烟雾报警系统布局代码，如下。

```
<RelativeLayout
    android:layout_width="150dp"
    android:layout_height="100dp"
    android:layout_marginStart="20dp"
    android:background="@drawable/bg_sensor">
    <TextView
        android:layout_width="wrap_content"
        android:layout_height="wrap_content"
        android:layout_alignParentLeft="true"
        android:layout_alignParentStart="true"
        android:layout_alignParentTop="true"
        android:text="烟雾"
        android:textColor="#000000"
        android:textSize="15dp"
        android:layout_marginLeft="20dp"
        android:layout_marginTop="20dp"/>
    <TextView
        android:layout_width="wrap_content"
        android:layout_height="wrap_content"
        android:layout_alignParentEnd="true"
        android:layout_alignParentRight="true"
        android:text="ppm"
        android:layout_marginRight="13dp"
        android:layout_marginTop="60dp"
        android:textColor="#000000"
        />
    <TextView
        android:id="@+id/tv_smoke"
        android:layout_width="wrap_content"
        android:layout_height="wrap_content"
        android:textSize="20dp"
        android:layout_marginLeft="45dp"
        android:layout_marginTop="50dp"
        android:text="1"
        android:textColor="@android:color/holo_orange_dark" />
</RelativeLayout>
```

2. 实现烟雾报警系统数据采集

烟雾报警系统数据采集代码，供学习参考，特别说明，信息采集代码都要写在步骤3所示的信息采集线程中，显示传感器数据都要写在步骤4所示的计时器任务中。

步骤1：变量声明。

```
public static String[] sensorStrings=new String[]{"0","0","0","0","0","0","0","0","0","0"};
//保存最新传感器数据
```

步骤2：添加网络权限。在“onCreate（Bundle）”方法内部实现信息采集的线程，为传感器数据的显示作准备，传感器数据放在“sensorStrings[ ]”数组中，在此之前，需要先在安卓配置文件“AndroidManifest.xml”中为应用添加网络权限，如图4-28所示。

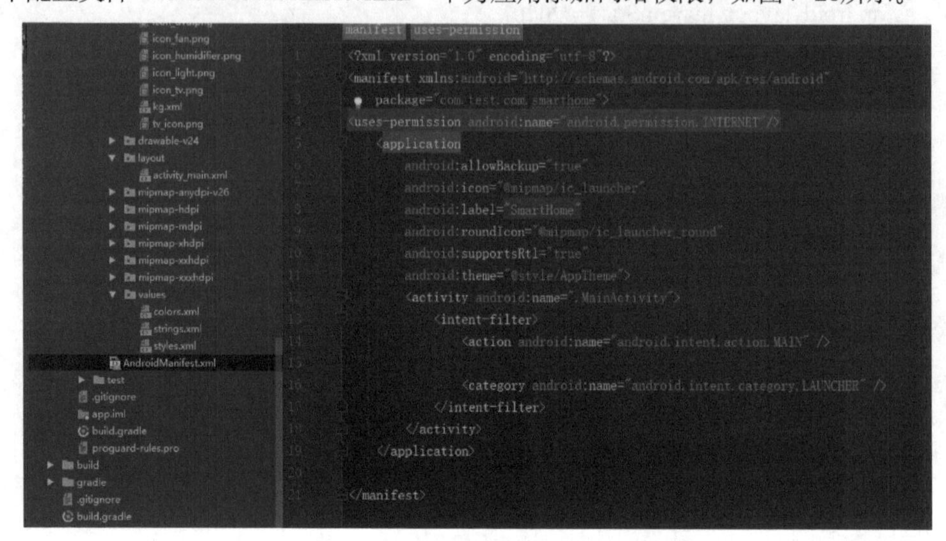

图4-28　在AndroidManifest.xml中添加网络权限

步骤3：实现信息采集线程。

```
ControlUtils.getData();
SocketClient.getInstance().getData(new DataCallback<DeviceBean>() {
    @Override
    public void onResult(final DeviceBean deviceBean) {
        runOnUiThread(new Runnable() {
            @Override
            public void run() {
                try {
                    ArrayList<DeviceBean.Devices> list=deviceBean.getDevice();
                    if (list.size()>0){
                        for (int i=0;i<list.size();i++){
                            String value=list.get(i).getValue();
                            if
(list.get(i).getBoardId().equals(" ")&&list.get(i).getSensorType(). equals(ConstantUtil.Smoke)){
                                sensorStrings[3]=value;//烟雾数据保存
                            }
                        }
                    }
                }catch (Exception e){
                    e.printStackTrace();
                }
            }
        });
    }
});
```

步骤4：显示传感器数据。

在“onCreate（Bundle savedInstanceState）”方法内部添加计时器相关代码，计时器任务是在计时器中调用“showData()”方法，并且每秒刷新一次。

```
final Handler handler=new Handler(){
    @Override
    public void handleMessage(Message msg) {
        super.handleMessage(msg);
        showData();
        // moshi();
    }
};
TimerTask task=new TimerTask() {
    @Override
    public void run() {
        Message msg=new Message();
        handler.sendMessage(msg);
    }
};
Timer timer=new Timer();
timer.schedule(task,0,1000);
```

步骤5：传感器数据显示。

```
private void showData() {
    tvSmoke.setText(sensorStrings[3]);//烟雾数据显示
}
```

烟雾报警系统实现效果如图4-29所示。

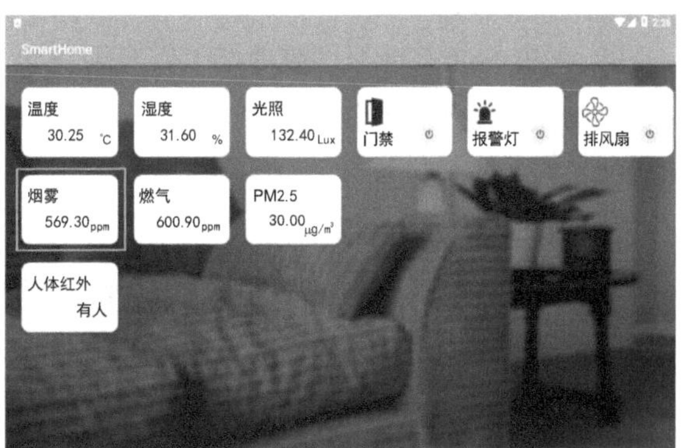

图4-29 烟雾报警系统实现效果

1）烟雾报警系统模块由哪几部分组成？

2）如何用代码实现烟雾数据的采集？简述过程。

单元小结

1）烟雾报警系统通过烟雾探测器来检测烟雾浓度，以此实现对火灾的防范。烟雾探测器是一种将空气中的烟雾度变量转换成有一定对应关系输出信号的装置。

2）烟雾传感器可分为光电式烟雾传感器和离子式烟雾传感器两种。

3）光电式烟雾传感器由光源、光电元器件和电子开关组成，利用光散射的原理对火灾初期产生的烟雾进行探测，并且及时发出报警信号。

4）离子式烟雾传感器是由两个内含镅241放射源的串联室、场效应管及开关电路组成的。

5）从原理上，烟雾报警器就是通过监测烟雾的浓度来实现对火灾的防范的。烟雾报警器内部采用离子式烟雾传感器，它是一种技术先进、工作稳定可靠的传感器，被广泛运用到各种消防报警系统中，性能远优于气敏电阻类的火灾报警器。

6）空气采样（吸气式）烟雾探测系统是一种基于激光散射探测原理和微处理器控制技术的烟雾探测系统。

7）空气采样烟雾探测系统由探测器、采样管网、专用电源、过滤器、管道吹洗阀门和三通组件等组成的。可通过探测器自带的继电器与传统消防报警系统的输入模块相连接，实现与现场消防设施的联动功能。

8）空气采样烟雾探测报警系统具有以下特点：探测灵敏度高，报警阈值调节范围广；多级报警，提高火灾报警系统性能；具有自学习功能；探测器具有故障自诊断功能；系统管网布置方式灵活、美观；系统施工简便、灵活；系统运行维护成本较低。

9）火灾的起火过程一般情况下伴有烟、热、光3种燃烧产物。在火灾初期，由于温度较低，物质多处于阻燃阶段，所以产生大量的烟雾。烟雾报警器能对可见的和不可见的烟雾粒子进行检测，从而实现报警。

10）烟雾报警系统实训1完成了继电器与烟雾传感器之间的通信。

11）烟雾报警系统实训2完成了烟雾数据的采集。

单元 5

燃气报警系统

学习目标

知识目标

- 了解常用燃气传感器的类型及工作原理。
- 熟悉燃气传感器模块和求助按钮模块。
- 掌握燃气传感器的数据传递过程。

能力目标

- 能进行燃气传感器模块和求助按钮模块的通信实训操作。
- 会搭建燃气报警系统布局，实现燃气数据采集。

素质目标

- 培养自主学习能力和团队合作精神。
- 通过实训，培养安全文明生产意识，树立安全责任观。

5.1 燃气报警系统介绍

燃气报警系统是由能够检测环境中的可燃性气体浓度的仪器和具有报警功能的设备组成的系统，系统的最基本组成部分包括：气体信号采集电路、模—数转换电路、单片机控制电路等，如图5-1所示。

气体信号采集电路一般由气敏传感器（燃气传感器）和模拟放大电路组成，将采集到的气体信号转化为模拟电信号。模—数转换电路（A-D）将燃气检测电路检测到的模拟信号转换成单片机可识别的数字信号后送入单片机。单片机对该数字信号进行处理，并对处理后的数据进行分析，是否大于或等于某个预设值（也就是报警阈值），如果大于则会自动启动报警设备发出报警声音，反之则为正常状态。

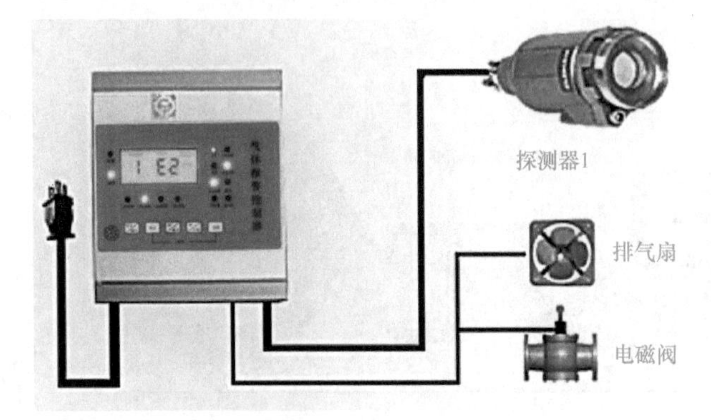

图5-1　燃气报警系统

为使报警装置更加完善，可以在声音报警基础上加入光闪报警，变化的光信号可以引起用户注意，弥补嘈杂环境中声音报警的局限。在此基础上，最新型的燃气报警系统甚至能联网，通过Wi-Fi/GPRS/4G信号传送到用户的手机上，有短信的形式，还有APP推送的形式，让用户第一时间得知自己家中的情况。

5.1.1　燃气报警系统传感器

燃气探测器又称可燃气体探测器，它是对单一或多种可燃气体浓度响应的探测器，如图5-2所示。

图5-2　燃气探测器

燃气报警系统的核心是气体传感器，俗称“电子鼻”。这是一个独特的电阻，当“闻”（探测）到燃气时，传感器电阻随燃气浓度而升高，燃气达到一定浓度之后，电阻也会达到一定的水平，单片机就会启动报警功能，发出声光报警。

燃气探测器分类

可燃气体探测器有催化型可燃气体探测器、半导体可燃气体探测器和自然扩散燃烧式探测器3种类型。

（1）催化型可燃气体探测器

催化型可燃气体探测器是利用难熔金属铂丝加热后的电阻变化来测定可燃气体浓度的，如图5-3所示。当可燃气体进入探测器探口时，在铂丝表面引起氧化反应（无焰燃烧），其产生的热量使铂丝的温度升高，铂丝的电阻率便发生变化。需要注意的是，这种类型的探测器使用寿命较短，其中的难熔金属丝需要较频繁地更换。

（2）半导体可燃气体探测器

半导体可燃气体探测器使用灵敏度较高的气敏半导体元件，如图5-4所示。它在工作状态时，如遇到可燃气体，半导体电阻会下降，下降值与可燃气体浓度有对应关系。

图5-3 催化型可燃气体探测器

图5-4 半导体可燃气体探测器

（3）自然扩散燃烧式探测器

自然扩散燃烧式探测器，如图5-5所示。这种探测器通过进气口输入的可燃气体使内部产生化学反应来达到高温燃烧的效果。在这种高温燃烧的环境中，燃烧的速度取决于氧气扩散的速度，当燃烧速度加快时，温度也会提高，内部电阻值也会升高，从而换算为进气口的可燃气体的比例和量的大小。

它燃烧所需的空气不是依靠风机或其他强制供风方式供给的氧气，而是依靠自然通风或燃料本身的压力引射空气来获得助燃氧气。

图5-5 自然扩散燃烧式探测器

5.1.2 燃气报警系统硬件选购

1. 家用燃气报警器选购注意事项

（1）气体类型

要根据需检测的燃气种类来购买。燃气报警器一般都不是通用型的，人工煤气场合应使用人工煤气报警器，天然气场合使用天然气报警器，液化石油气场合应使用液化石油气报警器或者用液化石油气标定的通用型可燃气体检测报警器（注意：不同地区的燃气的成分不同，应使用当地燃气成分进行标定和检测的燃气报警器）。

（2）稳定性

购买燃气报警器应选择市场上信誉好、口碑好的企业的产品，在购买前最好进行调研。因为一方面市场上报警器产品鱼龙混杂，用户对这一产品见得虽多，但不会十分了解；另一方面，报警器是一种长期使用的产品，无燃气泄漏时看不出其质量和性能，因此对其长期稳定性要求特别高，而目前燃气报警器的产品标准在考核其长期稳定性能方面尚有不足，所以生产企业自身对产品的研究和质量控制，对于产品的性能品质来说是非常重要的。还可以从长期使用的用户处了解产品的使用情况，产品检测单位出具的燃气报警器历年检测结果也可以用来参考。

（3）使用寿命

使用燃气报警器或可燃气体检测仪应关注报警器的长期稳定性和使用寿命。报警器是有寿命的，内部的气敏探测模块如果失效，则需要及时购买，购买时应向销售商和生产企业了解具体情况。

2. 燃气报警器安装注意事项

（1）应避免安装的位置

有水雾或滴水的地方；通道等风流速大的地方；炉灶附近易被油烟、蒸汽等污染的地方；高温环境（如炉具正上方、取暖器附近）；被其他物体遮挡的地方（如橱柜内）。

（2）选择位置

安装在距燃气具（炉灶、燃气热水器、燃气取暖器等）或燃气源水平距离4m以内2m以外的室内墙面上；根据探测燃气类型，选择安装的上下位置：人工煤气（C）、天然气（N）：距天花板0.3m以内。液化石油气（P）：距地面0.3m以内。

（3）安装方法

在选定的墙面位置，对应随机安装板上的2个安装孔位作好打孔标记（板上挂钩应水平向上）；打好安装孔，放入随机安装胶塞，然后用随机自攻螺钉将安装板固定在墙面上；将机体背面的3个孔位对准安装板上的固定挂钩，挂好机体；连接相关输出信号线后接通电源。

（4）工作状态

正常监测状态：通电预热3min后，绿灯稳定发光，表示报警器工作正常处于监测状态；预热过程中，报警器红灯闪烁并有可能发出“嘟……嘟……”声，这一现象在绿灯亮之前消失即为正常现象。现场报警状态：当报警器周围空气中燃气含量超过报警点时，探测器会发出“嘟……嘟……”间断刺耳鸣叫，同时红色指示灯闪烁，提醒用户尽快作现场处理；报警输出状态：现场声光报警持续10s后，不同规格的报警器会输出不同类型的报警信号，通知报警系统或启动相应的联动装置。燃气泄漏报警器的使用大大降低了使用燃气设备的场所由于燃气泄漏发生重大事故的概率。

（5）家用燃气报警系统安装示意图

在安装家用燃气报警系统时可以参考图5-6。

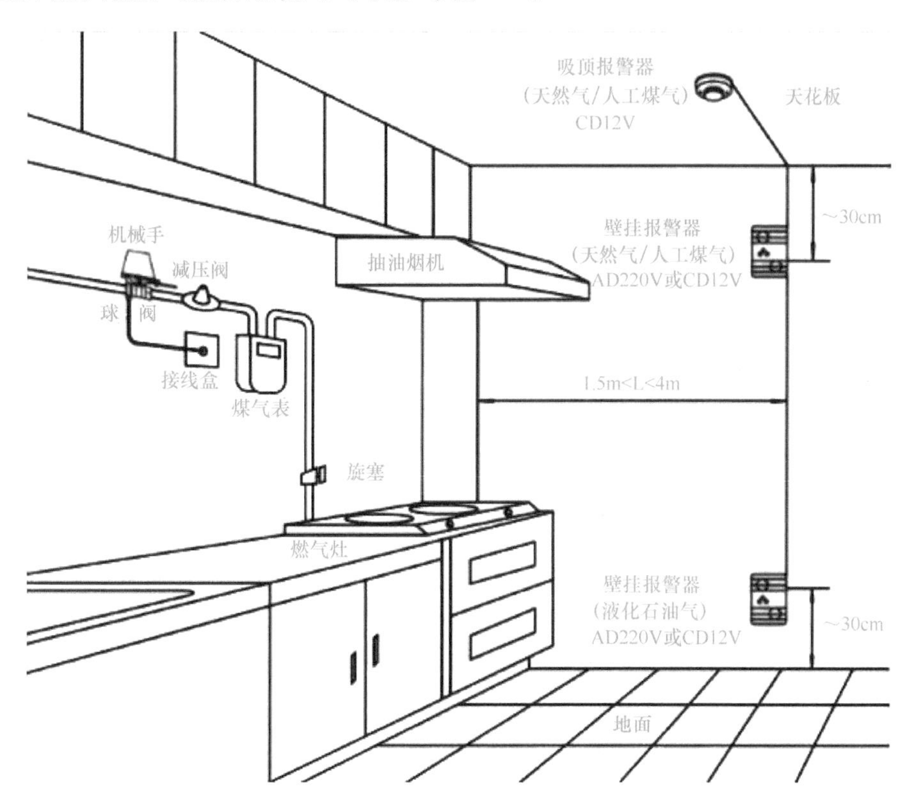

图5-6　家用燃气报警系统安装示意图

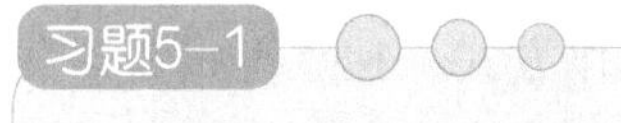

人们在哪些地方会用到燃气？使用时有什么注意事项？

5.2 燃气报警系统应用

5.2.1 燃气报警系统应用技术

燃气探测器工作原理

可燃气体探测器采用高品质气敏传感器、微处理器（高端单片机），结合精密温度传感器，能够智能补偿气敏元器件的参数漂移，工作稳定，环境适应范围宽，无须调试，采用吸顶或旋扣安装方式，安装简单，接线方便，广泛用于家庭、宾馆、公寓、饭店等存在可燃气体的场所进行安全监控和火灾预警。可检测天然气、液化石油气、人工煤气和气体酒精等。

燃气探测器一般为直流供电，报警后可输出一对继电器无源触点信号（常开、常闭可跳线设置），用于控制通风换气设备或为其他设备提供常开或常闭报警触点。有的还会安装无线模块，信号可以被发送到无线模块中。

当环境中可燃气体浓度达到事先设定的阈值时，能发出声光报警信号，可以输出继电器无源触点信号。

当周围环境可燃气体浓度降到响应阈值以下时，处于报警状态的探测器将自动恢复到正常工作状态。

5.2.2 燃气报警系统应用场景

1. 家用燃气报警器

家用燃气报警器一般安装在厨房，作为预防煤气泄漏的一种预警手段，如图5-7所示。燃气报警器的核心是探测器，可以实时显示燃气浓度。当探测器检测到燃气浓度达到事先设定好的报警设定值时，便会输出信号给燃气报警器，燃气报警器发出声光报警并启动外部联动设备（如排风扇、电磁阀、无线模块等）。对于探测器在现场对气体泄漏的感应数值，通常以各种气体爆炸下限的25%以下为报警浓度。

不同的可燃气体的爆炸下限和爆炸上限各不相同。根据相关规范，现有燃气报警系统的设计中均设定可燃气体的体积分数在爆炸下限的20%～25%（或以下）和50%时发出警报。爆炸下限的20%～25%时报警称作低限报警，而爆炸下限的50%时报警称作高限报警。

家用燃气报警器有独立工作型、联网型、混合联网型3种工作方式。独立型报警器独立安装，外接220V或者12V、24V电压（一般都以直流电压为主），报警器独立工作。检测空气中可燃气体浓度，当达到设定的浓度时，通过报警器上的声光报警装置发出报警信号，以达到预防燃气泄漏、保证家庭人身财产安全的目的。

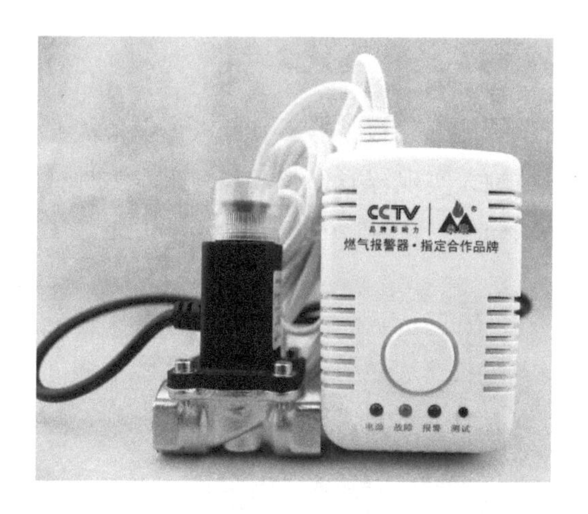

图5-7　家用燃气报警器

在联网型工作方式中，燃气管道上的电磁阀可与燃气泄漏报警系统连锁或与消防及其他智能报警控制终端模块（如手机端APP）等连锁，实现现场或远程的联动控制。联网型家用燃气报警器的主要功能是：一旦发现燃气泄漏，当超过燃气报警浓度时，系统便自动紧急关闭电磁阀，切断该用户的燃气供应，并发出声光报警信号，联动控制排风扇。联网型家用燃气报警器工作原理如图5-8所示。

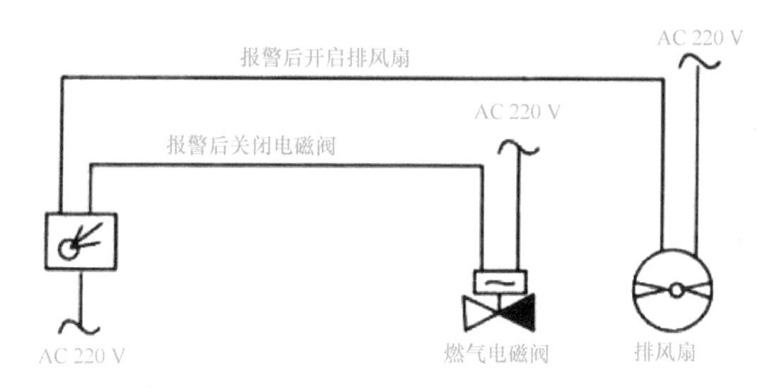

图5-8　联网型家用燃气报警器工作原理

在混合联网型工作方式中，报警器在报警的同时自动切断电磁阀，并通过小区安防监控系统或者其他消防报警系统将信号送到小区的监控主机，可以通过小区短信平台将用户家里燃气泄漏报警信息发送到用户的手机上。也有的产品配备控制主机，可向用户拨打电话提醒。

家用燃气报警器适用于煤气、天然气、液化石油气等可燃气体存在的场所，城市安防、小区、公司、工厂、学校、公寓、住宅、别墅、仓库、石油、化工、燃气配送等众多领域。可单独使用，报警后可输出一对继电器无源触点信号。常开、常闭可自行跳线设置，对由于气体泄漏发生的燃烧、中毒、爆炸等事故可以进行燃气检测及报警。报警器具有灵敏度高、稳定性高、种类全、体积小等特点。

2. 智能燃气报警器

国内某公司推出了一款智能燃气报警器Kepler，该设备能够通过Wi-Fi技术连接安全家居云平台，并支持手势控制，实现智能分级报警，还能实时对燃气、一氧化碳进行监测和分析。智能燃气报警器Kepler，如图5-9所示。

图5-9　智能燃气报警器Kepler

该设备通过对云端数据分析并预测危险发生的可能，可有效防止误报。当然，用户可通过智能手机下载应用，远程实时监测自己家的环境，基于网络实现远程报警。

习题5-2

1）想一想，在燃气运输车中，燃气报警系统是如何安装规划的。

2）尝试规划自己家里厨房的燃气报警系统，并绘制设计规划图。

5.3 燃气报警系统实训1

现代人们的生活当中，天然气、煤气的使用一方面带来了便利，另一方面也让生活多了一份危险，每年都会有因为天然气泄漏、煤气泄漏而导致的人员和财产的损失。为了让生活更加安全，燃气报警系统应运而生。燃气传感器能感应到环境中的燃气浓度，搭配其他装置可以形成一个燃气报警系统。接下来，通过一个实训了解由燃气传感器和求助按钮组成的燃气报警系统的工作原理。

5.3.1 燃气报警系统模块介绍

本实训系统由燃气传感器模块和求助按钮模块组成。

求助按钮模块如图5-10所示。

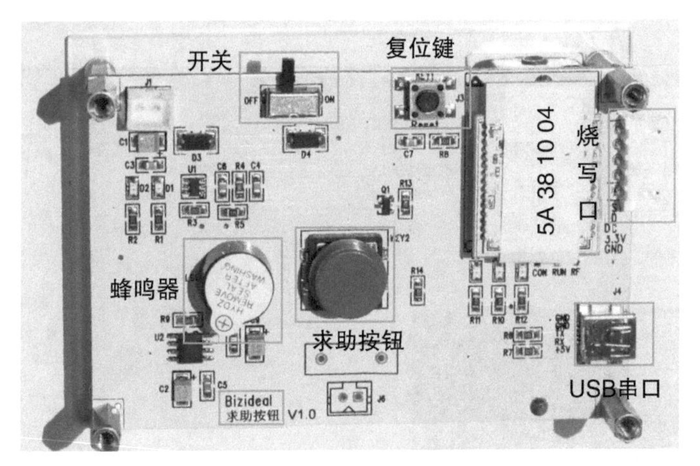

图5-10 求助按钮模块

燃气传感器模块如图5-11所示。

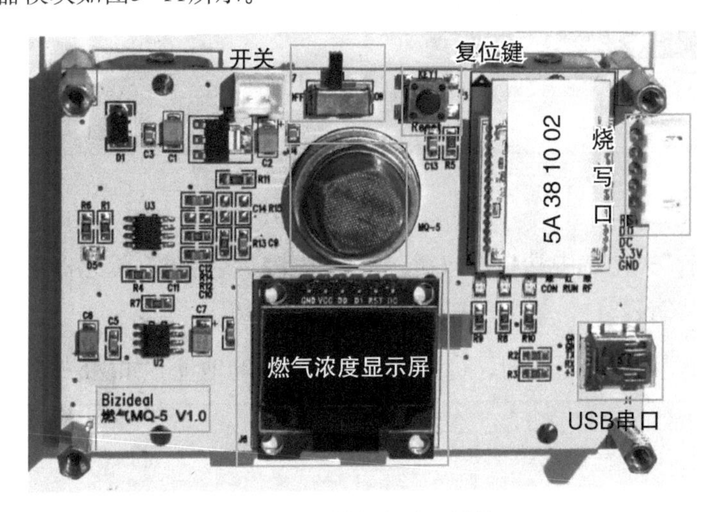

图5-11 燃气传感器模块

5.3.2 燃气报警系统实训步骤

步骤1：烧写代码，具体操作见2.3.1节中的内容。

因为求助按钮与蜂鸣器在一个模块上，所以在烧写代码时，每烧写一次蜂鸣器就会报警一次，按下求助按钮就会停止报警。

步骤2：打开配置工具 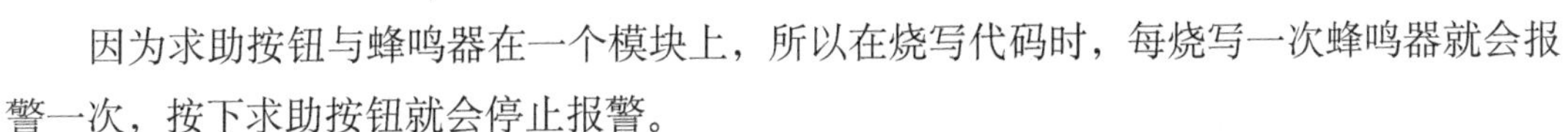 无线传感网教学套件箱配置工具1.4.4.exe ，即上位机软件。配置工具（上位机）介绍见2.3.3节中的内容。

步骤3：将USB串口线与求助按钮连接，打开求助按钮，查找、选择并打开可用端口。

注意：查看计算机的可用端口的方法见4.3.2节中的内容。

步骤4：单击“读地址”按钮，可读取求助按钮的地址，记下此时的数据，如图5-12所示。

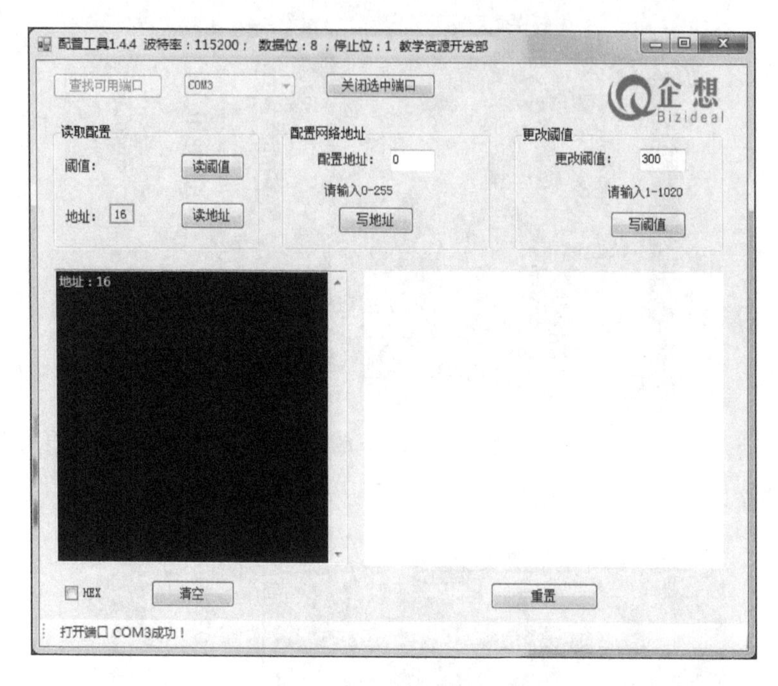

图5-12　读取求助按钮地址

步骤5：单击“关闭选中端口”按钮，将USB串口线与燃气传感器连接，打开燃气传感器（开关置于“ON”），单击“打开选中端口”按钮。

步骤6：单击“读地址”按钮，可读取燃气传感器的地址，如图5-13所示。

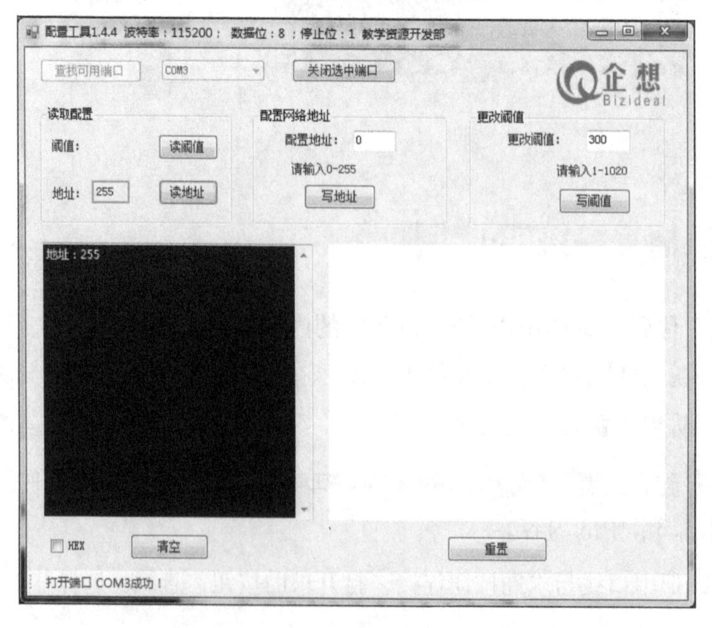

图5-13　读取燃气传感器的地址

与读取的求助按钮的地址相比较，如果不相同，则在“配置网络地址”选项组中重新配置燃气传感器的地址，保证网络地址相同，如图5-14所示。

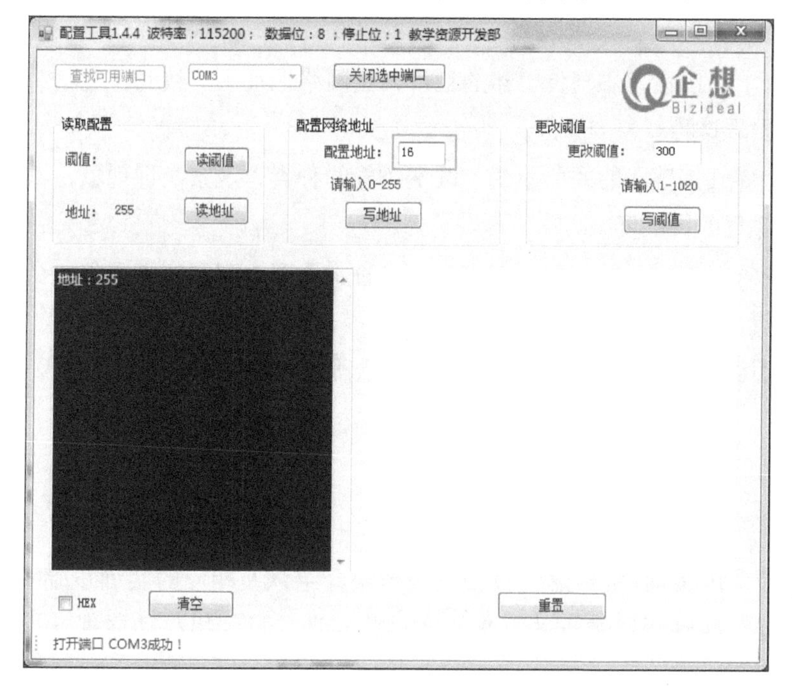

图5-14　配置网络地址

单击“写地址”按钮，在弹出的对话框中单击“确定”按钮，5s后按下燃气传感器上的“复位键”，此时燃气传感器的地址改写成功，可单击“读地址”按钮检查。网络地址一致时燃气传感器和求助按钮之间可以实现无线通信。

步骤7：改变燃气传感器周围的燃气浓度，观察实训现象。

实训现象：当燃气浓度大于燃气传感器阈值时，燃气传感器将检测到的信号传递给蜂鸣器，蜂鸣器发出“滴”的报警声，D5红灯亮，如图5-15所示。按下求助按钮，报警声消失，红灯仍亮。

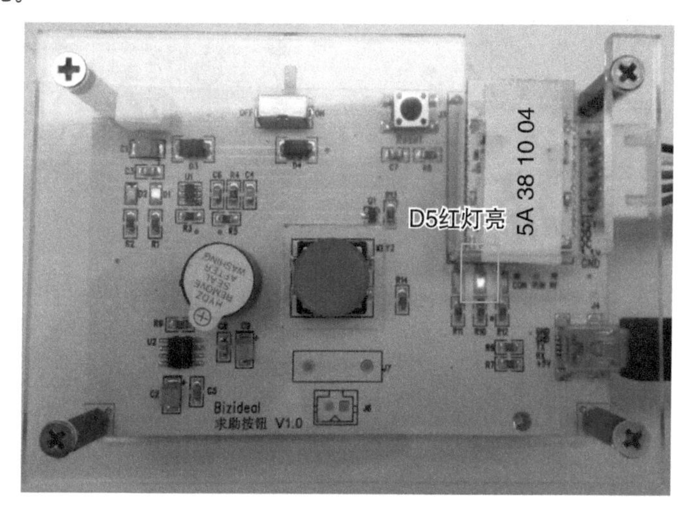

图5-15　燃气浓度大于阈值

习题5-3

1）改变求助按钮或燃气传感器的地址，当网络地址不一致时，观察对实训效果的影响，解释出现这种现象的原因。

2）保持燃气传感器的阈值不变，改变燃气的种类，观察实训现象，试比较燃气传感器对不同燃气的灵敏度。

3）改变燃气传感器的阈值，保持燃气的种类不变，观察实训现象，试比较燃气传感器对同种燃气的灵敏度。

4）在厨房燃气报警系统中，设置燃气传感器的阈值时，应考虑哪些因素？

5.4 燃气报警系统实训2

燃气报警系统实训2包括燃气报警系统模块介绍以及相应的实训步骤——搭建燃气报警系统布局，实现燃气数据的采集。通过此实训，可利用移动终端查看实时的燃气数据。

扫码观看视频

5.4.1 燃气报警系统模块介绍

燃气探测器的安装，只需要完成供电即可。GND代表负极，5V代表正极和其额定电压值。接线时可以用红线分别连接端子板和燃气探测器的正极，用黑线分别连接它们的负极。燃气探测器的接线拓扑图和实物接线图如图5-16和图5-17所示。

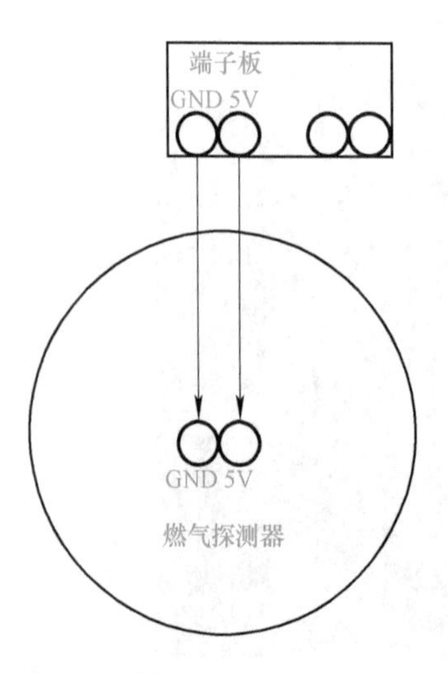

图5-16 燃气探测器接线拓扑图

图5-17 燃气探测器实物接线图

5.4.2　燃气报警系统实训步骤

1. 搭建燃气报警系统布局

燃气报警系统布局代码如下。

```
<RelativeLayout
    android:layout_width="150dp"
    android:layout_height="100dp"
    android:layout_marginStart="20dp"
    android:background="@drawable/bg_sensor">
    <TextView
        android:layout_width="wrap_content"
        android:layout_height="wrap_content"
        android:layout_alignParentLeft="true"
        android:layout_alignParentStart="true"
        android:layout_alignParentTop="true"
        android:text="燃气"
        android:textColor="#000000"
        android:textSize="15dp"
        android:layout_marginLeft="20dp"
        android:layout_marginTop="20dp"/>
    <TextView
        android:layout_width="wrap_content"
        android:layout_height="wrap_content"
        android:layout_alignParentEnd="true"
        android:layout_alignParentRight="true"
        android:text="ppm"
        android:layout_marginRight="13dp"
        android:layout_marginTop="60dp"
        android:textColor="#000000"
        />
    <TextView
        android:id="@+id/tv_gas"
        android:layout_width="wrap_content"
        android:layout_height="wrap_content"
        android:textSize="20dp"
        android:layout_marginLeft="45dp"
        android:layout_marginTop="50dp"
        android:text="1"
        android:textColor="@android:color/holo_orange_dark" />
</RelativeLayout>
```

2. 实现燃气数据采集

燃气数据采集代码如下。

信息采集：

```
if (list.get(i).getBoardId().equals(" ")&&list.get(i).getSensorType().equals(ConstantUtil.Gas)){
        sensorStrings[4]=value;
}
```

数据显示：

```
tvGas.setText(sensorStrings[4])
```

燃气报警系统实现效果如图5-18所示。

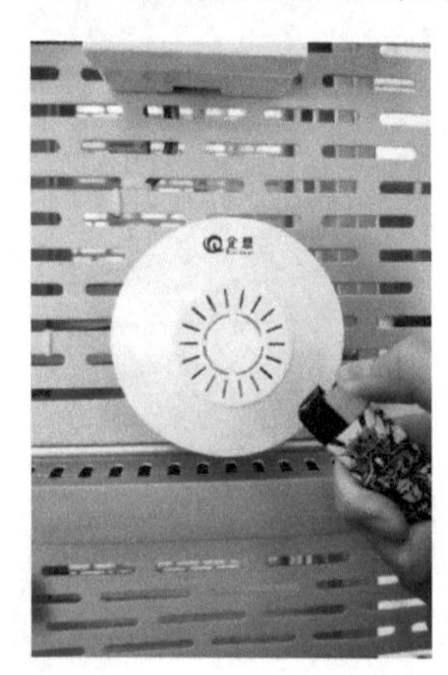

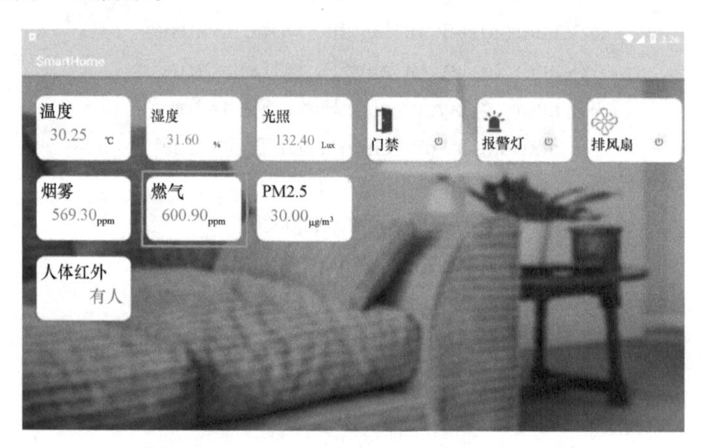

图 5-18 燃气报警系统实现效果

习题5-4

1）燃气报警系统模块由哪几部分组成？

2）如何用代码实现燃气数据的采集？简述过程。

单元小结

1）燃气报警系统是由能够检测环境中的可燃性气体浓度的仪器和具有报警功能的设备组成的系统，系统的最基本组成部分应包括：气体信号采集电路、模数转换电路、单片机控制电路等。

2）气体信号采集电路一般由气敏传感器（燃气传感器）和模拟放大电路组成，将采集到的气体信号转化为模拟的电信号。

3）燃气报警系统的核心是气体传感器，俗称“电子鼻”。

4）可燃气体探测器有催化型可燃气体探测器、半导体可燃气体探测器和自然扩散燃烧式探测器3种类型。

5）燃气探测器一般为直流供电，报警后可输出一对继电器无源触点信号（常开、常闭可跳线设置），用于控制通风换气设备或为其他设备提供常开或常闭报警触点。有的还会安装无线模块，信号可以被发送到无线模块中。

6）家用燃气报警器有独立工作型、联网型、混合联网型3种工作方式。

7）独立型报警器独立安装，外接220V或者12V、24V电压（一般以直流电压为主），报警器独立工作。

8）在联网型工作方式中，燃气管道上的电磁阀可与燃气泄漏报警系统连锁或与消防及其他智能报警控制终端模块（如手机端APP）等连锁，实现现场或远程的联动控制。

9）在混合联网型工作方式中，报警器在报警的同时自动切断电磁阀，并通过小区安防监控系统或者其他消防报警系统将信号送到小区的监控主机，可以通过小区短信平台将用户家里燃气泄漏报警信息发送到用户的手机上。

10）燃气报警系统实训1：实现燃气传感器和求助按钮之间的通信。

11）燃气报警系统实训2：实现燃气数据的采集。

单元6

智能人体感应系统

学习目标

知识目标

- 了解人体红外传感器的类型及工作原理。
- 熟悉人体红外传感器模块和直流电机模块。
- 掌握人体红外传感器的数据传递过程。

能力目标

- 能进行人体红外传感器模块和直流电机模块的通信实训操作。
- 会搭建智能人体感应系统布局，实现人体红外传感器数据采集。

素质目标

- 培养创新意识和团队合作精神。
- 通过实训，培养规范意识和严谨认真的工作态度。

6.1 智能人体感应系统介绍

智能人体感应系统是指通过感应方式来实现对器件开关的控制。智能人体感应系统中的智能感应门的实例如图6-1所示。当有人进入门的感应范围时，智能感应门可以自动完成开关动作。按感应方式可分为触摸式感应门、刷卡感应门、微波感应门、红外线感应门等；按开门方式可分为推拉式、旋转式和平移式。现在应用最广泛的智能感应门一般指的是平移式感应门和平开式感应门。

智能人体感应系统中的另一个实例是智能感应灯，如图6-2所示。有了它，人们可以方便许多，不需要再寻找开关，在晚上走进室内或老人小孩半夜起夜时，都可以很方便地自动感应到人体活动并亮起，并在无人体活动之后自动熄灭。

图6-1 智能感应门的一种

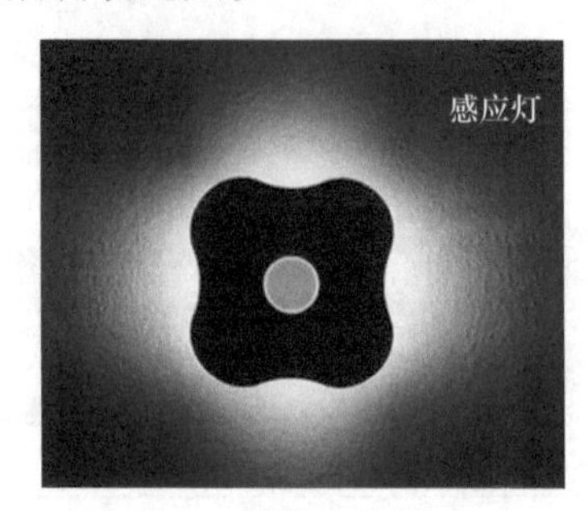

图6-2 智能感应灯

6.1.1 智能人体感应系统传感器

智能人体感应系统中的传感器可以参考市面上的人体红外传感器，如图6-3所示。

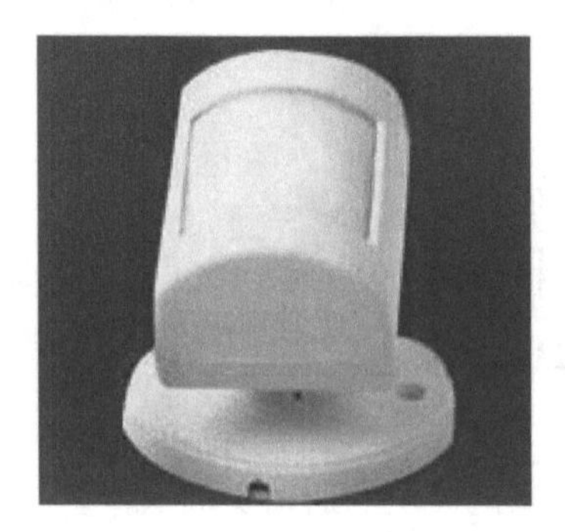

图6-3 人体红外传感器

1. 人体红外传感器介绍

人体红外传感器是智能家居系统中常见的一种传感器，它是基于传统红外传感器发展起来的，如图6-4所示。下面先介绍传统的红外传感器。

图6-4 人体红外传感器

红外传感器已经在现代化的生产实践中发挥着它的巨大作用，随着探测设备和其他技术的提高，红外传感器能够拥有更多的性能和更好的灵敏度。

2. 人体红外传感器原理

红外传感器是用红外线作为介质的测量设备，它的基本原理是利用红外辐射与物质相互作用所呈现出来的物理效应探测红外辐射，多数情况下是利用这种相互作用所呈现出的电学效应。此类探测器可分为光子探测器和热敏感探测器两大类型。

人们所使用的红外传感器就属于热敏感探测器这一种类，称为热释电红外人体感应器，它是一种可探测静止人体的感应器，由透镜、感光元器件、感光电路、机械部分和机械控制部分组成。通过机械控制部分（一般都是一块小型的单片机）和机械部分带动红外感应部分作微小的左右或圆周运动，移动位置，使感应器和人体之间能形成相对的移动。所以无论人体是移动还是静止，感光元器件都可产生极化压差，感光电路发出有人的识别信号，达到探测静止人体的目的。此红外热释感应器可应用于人体感应控制方面，并实现红外防盗和红外控制一体化，扩大了人体红外热释感应器的应用范围。其特征在于：所述透镜和感光元器件安置在机械部分上。

常见的人体红外传感器上都有一顶白色的“小帽子”。这顶小帽子是什么呢？其实就是最外层的一种透镜，称为菲涅尔透镜。它是由聚烯烃材料注压而成的薄片，镜片表面一面为光面，另一面刻录了由小到大的同心圆，如图6-5所示。

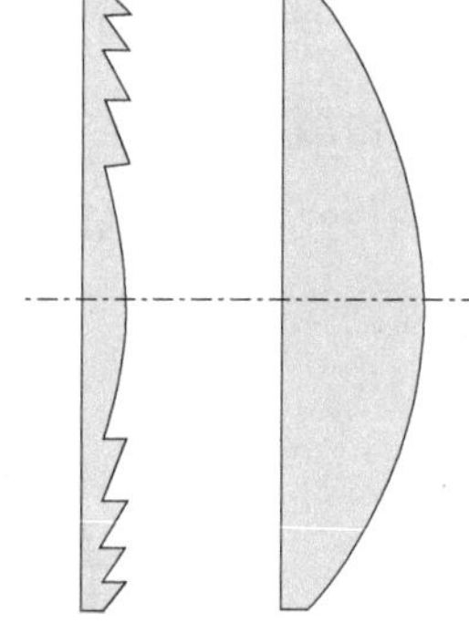

图6-5 红外透镜切面图

它常见的作用有：

1）比传感器面积大得多的透镜可以收集尽可能多的红外线，以提高灵敏度。

2）菲涅尔透镜被加工成许多狭长的单元，每个单元覆盖一定的视角并交替聚焦到双探测器窗口上。当人体穿过视野时，发出的红外线能使双探测器产生交替的脉冲信号。这能扩大传感器视野和对目标的探测能力。

3）透镜材料具有滤波功能，可以阻挡人体红外辐射以外的可见光和红外光，增加抗干扰能力。

3. 人体红外传感器分类

按照探测原理可以分为两种：一种使用的是非线性滤光技术，另一种使用的是线性滤光技术。通俗地说，一种是对红外波的滤光，另一种是对可见光的滤波。

第一种传感器其实就是人们常说的人体红外传感器，如图6-6所示。人体都有恒定的体温，一般在37℃左右，所以会发出10μm的特定波长红外线。非线性滤光技术就是利用了这一特点，靠探测人体发射的10μm左右的红外线而进行工作的。探测器收集人体发射的10μm左右的红外线，通过菲涅尔透镜聚集到红外感应源上。红外传感器通常采用热释电元器件，在接收了红外辐射、温度发生变化时就会向外释放电荷，检测处理后产生报警。这种探测器是以探测人体辐射为目标的。所以辐射敏感元器件对波长为10μm左右的红外辐射必须非常敏感。为了对人体的红外辐射敏感，在它的辐射照面通常覆盖有特殊的滤光片，即菲涅尔透镜，使环境的干扰受到明显的控制作用。

另一种使用线性滤光技术的传感器其实已经不能归于红外传感器的范畴了，一般称为人体探测器，如图6-7所示。它在感光部分上采用的是可见光波的捕捉与探测。大家都知道，可见光也是一种波，在空气中以大约300 000km/s的速度传播，如果遇到物体遮挡就会形成影子，并减少遮挡物背面可见光的传播（由于光的衍射特性被遮挡了还是会有一部分光可以传播至遮挡物的背面）。由于有这种光暗变化的特性，就能将之应用于物体的识别中，方法就是利用菲涅尔透镜的聚焦作用将可见光汇聚到感光元器件上。感光元器件一般是由两片电极化方向相反的热释电元器件所组成。当有人经过时，光线的明暗变化导致这两片元器件收到的可见光强弱不一，它们之间就会产生极化电压，通过电路转化成信号传输到报警器。

图6-6　人体红外传感器

图6-7　人体探测器

由于采用可见光变化探测方法的传感器不可用于黑暗中的环境，并且红外辐射探测技术的传感器灵敏度高，成本更低廉、稳定性强，探测速度快，导致市面上大多数的人体探测器都是属于红外探测类型的。下文中所有介绍的传感器都是以红外辐射的探测为技术基础的。

4．人体红外传感器选型

市面上最常见的人体红外传感器按照装配的方式可以分为两种：一种是直接固定到墙上并且固定方向的，这里称它为固定式；另一种带有一个可以旋转的底座，可以调整其角度，这里称它为旋转式。

固定式人体红外传感器一般外观为圆形或者椭圆形，最中间可以看到白色半透明的菲涅尔透镜罩，如图6-8所示。由于其整体是一体化的，一旦将它固定后，不可调整角度，所以在安装之前需要先根据实际需求，调整好它的安装位置。虽然这种类型的传感器的安装角度是固定的，但是由于其圆形的设计，它的红外探测范围也是圆形的，即正前方圆周内所有角度都可以探测到。并且由于使用的红外光感器件探测距离较近，成本更加低廉，所以此类传感器一般应用于对探测距离要求不高的场合，比如，房间自动感应日光灯、厕所自动感应冲洗系统等。

图6-8　固定式人体红外传感器

旋转式人体红外传感器一般外观是长方体，如图6-9所示。中间是白色半透明的透光罩，背后有个旋转底座，在需要时可按照实际需求调整探测角度，甚至有的旋转式人体红外传感器还会在底座上加装电机用来实时调整角度。由于其可以调整方向，所以在安装时须先将底座安装好，然后调整探测器的角度。这种类型的传感器水平探测范围特别广，可覆盖水平方向上的大部分角度，且探测的距离也比较远；在垂直方向上虽然探测的角度有限，但可以通过调整底座的角度来选定垂直方向上探测的范围。有的带电机的底座可以根据探测到的信息实时地转动角度或者通过软件预先的设定根据时段的不同来调整角度。这类旋转式人体红外传感器探测的距离远，可以调整角度等，人们常将其应用于安防系统中，比如，家门口的人体入侵传感器。

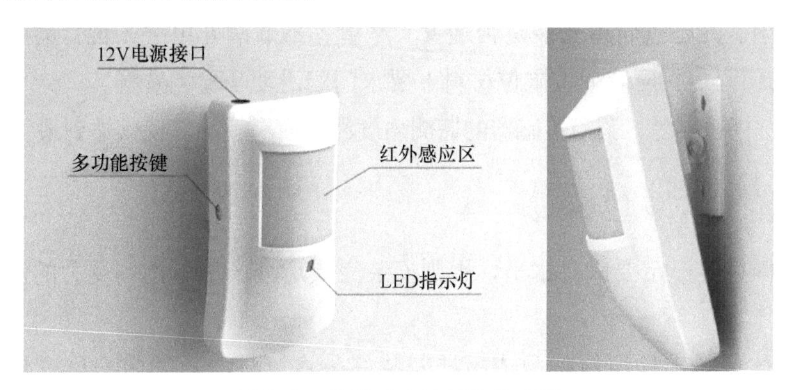

图6-9　旋转式人体红外传感器

6.1.2　智能人体感应系统安装与配置

智能人体感应系统是根据实际使用要求配置的，感应器件控制器和与之相连的外围辅助控制装置，如安全装置、门禁系统、灯光系统、开门信号源、集中控制等必须根据建筑物的使用特点、通过人员的组成、楼宇自控的系统要求等合理配备辅助控制装置。

下文中会以智能感应门系统为例，来详细介绍安装与配置的过程。

1. 如何选择感应门的配置

根据安装感应门的实际环境及要求，考虑选择感应门的配置。

1）感应传感器的选择：在星级酒店、办公楼选择高灵敏度的感应器；在靠近道路的银行、商店等经常有人路过的场所，选择窄区域的感应传感器可防止读取失误。

2）安全辅助装置：在星级酒店等地方需要杜绝感应门夹人事故的发生，可以选择安装防夹人红外感应器。

3）配备应急电源：为保证停电时感应门也能工作，可以配备应急电源。

2. 智能感应门的安装步骤

1）水准仪抄平，画线。用水准仪抄平、用线坠吊出垂直线，先画出地导轨滑槽控制边线，再画出横梁安装中心线和标高控制线。

2）安装地导轨。撬出欲装轨道位置的预埋木枋条，按事先画好的轨道滑槽控制墨线进行修整，满足安装要求后安装下轨道。注意，下轨道总长度应为自动门宽度的2倍+100mm，下轨道顶标高应与地坪面层标高一致或略低（3mm以内）。

3）钢横梁安装。钢横梁常用16～22规格的槽钢制作，两端焊接固定在门洞两侧的钢筋混凝土门柱或墙的预埋铁件上，预埋件厚度常选δ=8～10mm。安装时按事先画好的标高控制线和钢横梁中心位置线进行对齐，并特别注意用水平尺复核水平度后进行对称焊接。

4）机箱安装。调整自动门运行的方向和速度。

5）装门扇。先检查轨道安装是否顺直、平滑，不顺滑处用磨光机打磨平滑后安装滑动门扇。滑动门扇尽头应装弹性限位材料。要求门扇滑动平稳、顺畅。

6）调试。接通电源，调整传感器的监测角度和反应灵敏度，使其达到最佳工作状态。

3. 感应门的安装注意事项

1）安装横梁时一定要保持水平，否则安装完成后会产生不均匀受力的情况，磨损情况会更严重。

2）用门体吊挂螺栓组件将门体吊挂安装好，注意将滑轮的中心位置与门体保持平行。

3）将限位装置安装在动力梁的导轨上，通过调节限位器螺栓调整位置，保证门开启的正常状态。

4）门体安装完成后，要调整门体高度和缝隙位置，调节吊架固定螺母，确保门体运行和移动时无滞重现象或摩擦的异响。

5）调整传送皮带的张力，皮带要保持紧绷状态，将所有压板螺栓压紧。

6）安装地轮时门体的上下缝隙要保持相同。

7）如果控制系统不能正常工作，则需要进行调整。先手动检测门体，然后切换开关操作，调整自动门运行的方向和速度。

8）最后安装感应探头，将传感器打开并按照接线图安装好之后再调整探头。注意调整到合适的角度，不要触碰到天线。自动门传动控制机箱及自控探测装置都固定安装在钢横梁上，固定连接方式有钢横梁打孔安装螺栓固定方式和钢横梁上焊接连接板的方式。应注意钢横梁上钻孔或焊接连接板应在钢横梁安装之前完成。

9）整个门体安装好后，接通电源运行检测。

4. 智能感应门特点

1）感应门主控制器采用数字智能化控制系统，选用旋钮或者拨跳式的开关，调节非常方便，可任意设置门扇的运行状态，包含多功能组合的控制线，方便与门禁系统连接。

2）直流电机，大功率运行无噪声。

3）系统具有半开/全开、常开、常闭、互锁等多种运行功能。

4）电路连接采用插接方式，更安全，维修方便快捷。

5）滑动系统采用PU材料的双滑轮，耐损耗，摩擦力极小，使用时间长，使门扇在运行中稳定且无噪声。

6）便捷的尾轮调整器，可快速调整传动带松紧程度，还配有专用的减振弹簧。

7）门扇下面导向器采用外置轴承式运行导向轮，不锈钢底座可防止生锈。

习题6-1

安装智能感应门需要注意哪些因素？安装到哪里比较合适？

6.2 智能人体感应系统应用

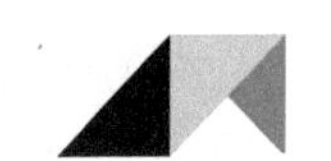

6.2.1 智能人体感应系统应用技术

智能人体感应系统配置有感应探头，感应探头能发射出红外线或者微波信号，当这种信号被靠近的物体反射时，就会实现对器件的控制操作。

其中智能感应门作为一种代表型的应用，实现了自动开闭的功能。感应探测器探测到有人进入时，将收集到的信号生成脉冲信号，然后传给控制器，控制器判断后驱动电机运行，同时监测电机转数，以便驱动电机在设定的时间加力或进入慢速运行。电机得到运行电流后作正向运行，将动力传给同步带，再由同步带将动力传给吊具系统使门扇开启；门扇开启后由控制器作出判断，如果需要关门动作，则通知电机作反向运动，关闭门扇。

另一种代表型应用是智能感应灯，它可以在有人经过时自动感应到人体，然后点亮节能灯，比如，在客厅装智能灯，回家时自动点亮方便换鞋，或者在晚上起夜时也不用手动开灯，下床经过后就会自动点亮，如图6-10所示。

图6-10　智能感应灯

6.2.2　智能人体感应系统应用场景

1. 平移式感应门

自动感应门的种类很多，平移式感应门如图6-11所示。它由以下部件组成。

1）主控器。它是自动门的指挥中心，通过内部编有指令程序的大规模集成电路发出相应控制指令，指挥电机或电锁类系统工作；同时人们通过主控器调节门扇开启速度、开启幅度等参数。

2）感应探测器。负责采集外部信号，如同人们的眼睛，当感应到有人进入它的工作范围时就给主控制器发送一个脉冲信号。

3）动力电机。为开门与关门提供动力，控制门扇加速和减速运行。

4）门扇行进轨道。就像火车的铁轨，配合门扇的走轮，使其按特定方向行进。

5）门扇走轮。用于吊挂活动门扇，同时在动力牵引下带动门扇运行。

6）同步带（有的厂家使用V带）。用于传输电机所产生的动力，牵引门扇走轮。

7）下部导向系统。是门扇下部的导向与控制位置的装置，防止门扇在运行时出现前后门体晃动。

图6-11　平移式感应门

2. 平开式感应门

平开式感应门如图6-12所示。它有以下特点。

1）安装便捷。不受原有门结构的影响，任何平开门均能便捷安装，不破坏其原有结构；对门柱、门体形伏、大小无特殊要求。

2）有效推力大。开门机在大门开启的最佳受力点（距铰链最远处）上工作，效率100%，只要单人能推动的门均能可靠运行。

3）在门体上产生的作用力小。由于受力点合适、效率最高，所以在门体施力点上作用力最小，门体结构不会发生变形。

4）能应用于超宽门。由于工作于离大门枢轴的最远处，并且作用力方向始终与开门方向相同，所以无论多宽的门均能轻松启闭。

5）可使大门做0°～360°超广角自由开关。

6）可以自动锁门。大门关闭后，开门机能可靠自行锁定，不必另外配置锁具。

7）高智能化。由于本机自带联动电控锁，所以可自由设定左、右门开门的顺序，任意指定某扇门单开、遇阻反弹、遇阻自停，判断汽车或者人离去后自动关门并上锁，可与地感器、读卡器或密码器构成现代化的智能门禁系统。

8）功耗低。由于开门效率高，所需动力小，所以功耗低。

9）有限位开关，便于控制，限位准确、稳定，不使电机、机构超负荷运行。

10）机构承受应力小，寿命长。

11）流线形外观，小巧、美观。

智能感应门适合于商店、酒店、银行、写字楼、医院、宾馆等公共场所，应用特别广泛。使用智能感应门，可以节约空调功耗、降低噪音、防风、防尘，同时可以使出入口显得庄重高档，科技感十足。

图6-12　平开式感应门

3. 节能感应灯

节能感应灯也是人们生活中常见的一种新型智能家居设备，外观上的设计非常多，如图6-13所示。

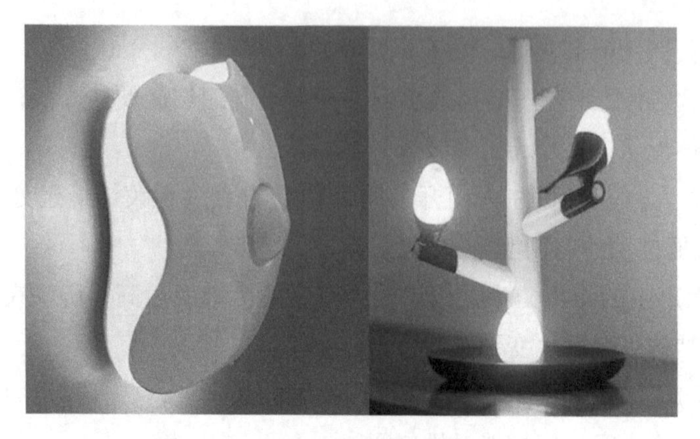

图6-13　两种不同外观的节能感应灯

节能感应灯的特点如下。

1）距离感知：只须靠近3～4m的范围，将自动亮起。

2）无线充电：充电速度快，无须充电线，电池电量足。

3）磁吸安装：配有磁吸墙贴和强力3M胶，可安装在任意地方使用。

4）安装便捷：随心贴，不用布线。

5）感应速度快：夜晚不用找开关，感应到人体活动自动快速亮起，仅需1～2s。

6）自动熄灭：不用手动关灯，如周围无人体活动，在30s内会自动熄灭。

7）实时启用：可根据预先设置的时间，在需要感应灯工作的时间段才会工作。

8）环境启用：根据周围的环境亮度，只有在环境亮度很低时才会进入工作模式。

9）安全性高：由于不用布线，就不用担心因为供电线老化而导致火灾、漏电等险情。另外，灯管选用了不会发出高热量的节能灯，电池选用了环保安全的可充电/可拆卸更换/无线充电的新型锂电池，不用担心由感应灯电池故障而引发险情。

10）手持照明：紧急时，如需灯光照明具体的位置，可以轻松取下感应灯作为手持模式来使用，节省了寻找手电筒的时间。

习题6-2

1）自动门的类型都有哪些？都应用于什么场所？

2）超市智能感应门很好地解决了商场摆闸只能单向通行的问题，应用场地更广、可扩展性更强。试为某大型超市设计一种智能感应门规划方案。

3）在人们的生活中还有一种非常常见的智能人体感应系统，即智能感应灯系统，比如在晚上起夜的时候可以感应到有人经过，自动打开夜灯。请查阅资料，详细说一说智能感应灯系统的特点和应用。

6.3 智能人体感应系统实训1

智能感应门因其实用又便利而应用广泛，在各大商场、便利店、写字楼等都能看到感应门装置。智能感应门系统主要使用的是人体红外传感器，搭配使用直流电机，就能实现“人来门开，人走门关”的功能。接下来，将通过一个实训更深刻地理解智能感应门的工作原理。

6.3.1 人体红外传感器模块与直流电机模块介绍

人体红外传感器与直流电机通信实训系统由人体红外传感器模块和直流电机模块组成。直流电机模块，如图6-14所示。人体红外传感器模块，如图6-15所示。

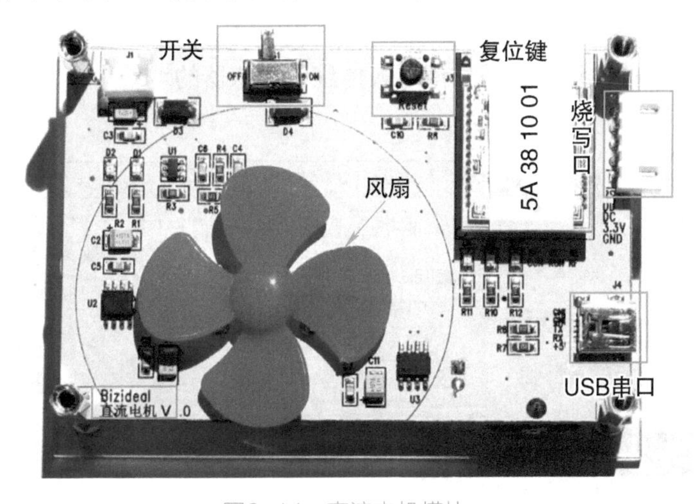

图6-14　直流电机模块

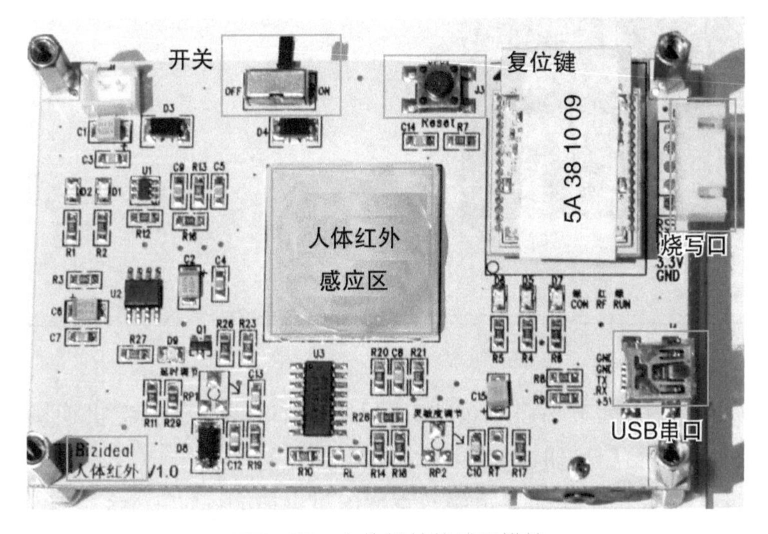

图6-15　人体红外传感器模块

直流电机模块正面有“直流电机”字样及风扇，可以很方便地辨认出，与人体红外传感器通信时风扇会转动。

人体红外传感器模块正面有“人体红外”字样及人体红外感应区，可以很方便地辨认出，主要用来进行感应人体红外射线。

扫码观看视频

6.3.2 人体红外传感器模块与直流电机通信实训步骤

步骤1：烧写代码，具体操作见2.3.1节中的内容。

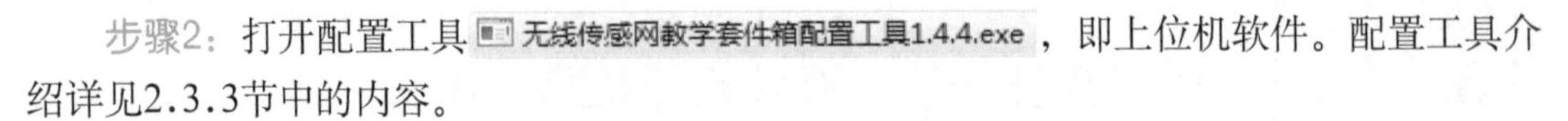

步骤2：打开配置工具 无线传感网教学套件箱配置工具1.4.4.exe ，即上位机软件。配置工具介绍详见2.3.3节中的内容。

步骤3：将USB串口线与人体红外传感器连接，打开人体红外传感器，查找、选择并打开可用端口。

注意：查看计算机的可用端口的方法详见2.3.3节中的内容。

步骤4：单击“读地址”按钮，读取人体红外传感器的地址为16，如图6-16所示。记下此时的数据。

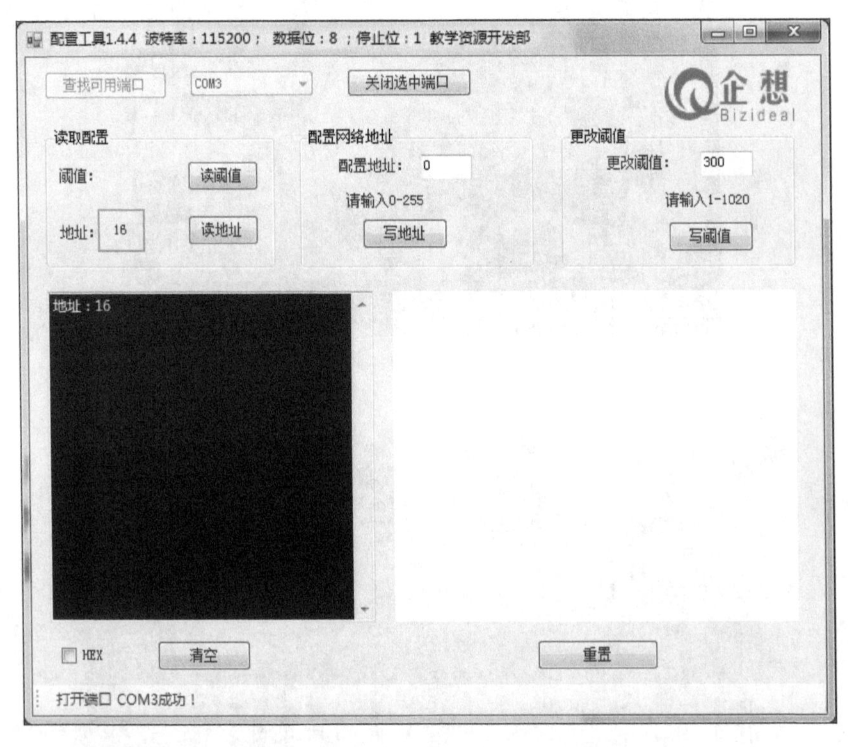

图6-16 人体红外传感器地址

步骤5：单击“关闭选中端口”按钮，将USB串口线与直流电机连接，打开直流电机，单击“打开选中端口”按钮。

步骤6：单击“读地址”按钮，可读取直流电机模块的地址为255，如图6-17所示。

与读取的人体红外传感器的地址相比较，如果不相同，则在“配置网络地址”选项组中重新配置直流电机的地址，保证网络地址相同，如图6-18所示。

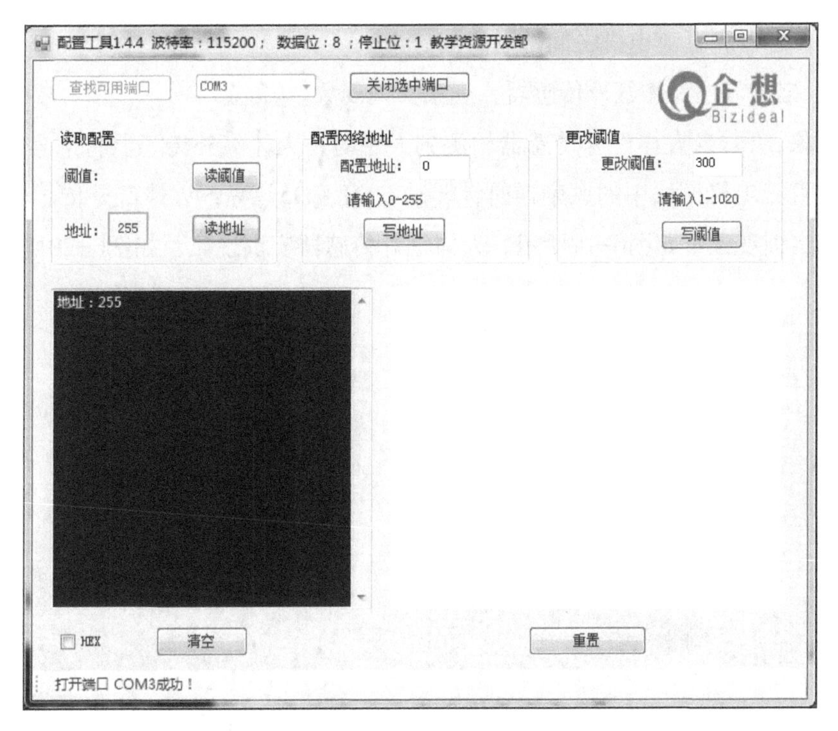

图6-17　直流电机地址

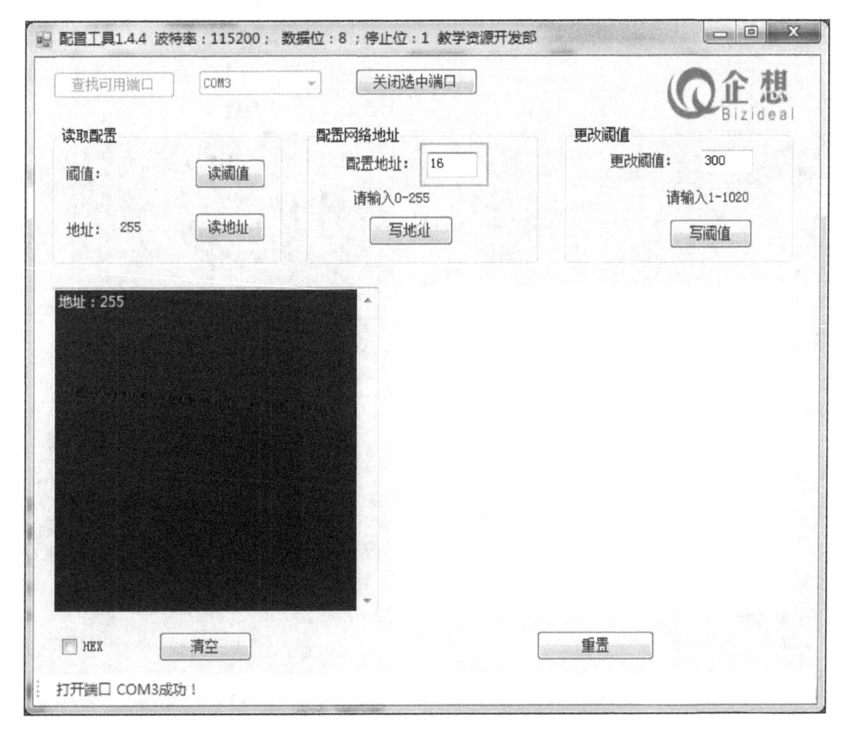

图6-18　配置网络地址

单击“写地址”按钮，在弹出的对话框中单击“确定”按钮，5s后按下直流电机上的“复位键”，此时直流电机的地址改写成功，可单击“读地址”按钮检查。网络地址一致时人体红外传感器和直流电机之间可以通信。

步骤7：把手靠近人体红外传感器，观察实训现象。

实训现象：1）当人体红外传感器检测到人手时，人体红外传感器将信号传递到直流电机模块，直流电机模块中的风扇逆时针转动，D1、D5灯亮；人体红外传感器D9灯亮。直流电机的实训现象，如图6-19所示。人体红外传感器实训现象，如图6-20所示。

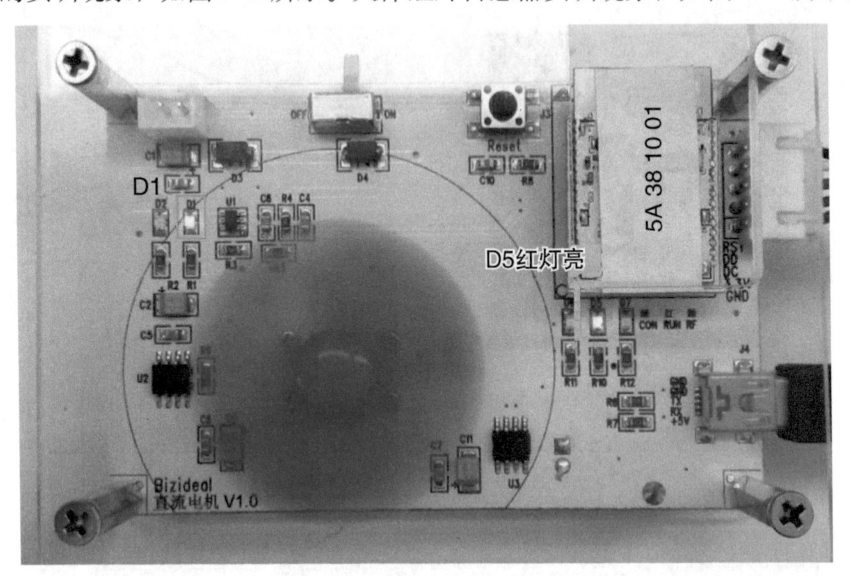

图6-19　直流电机实训现象1

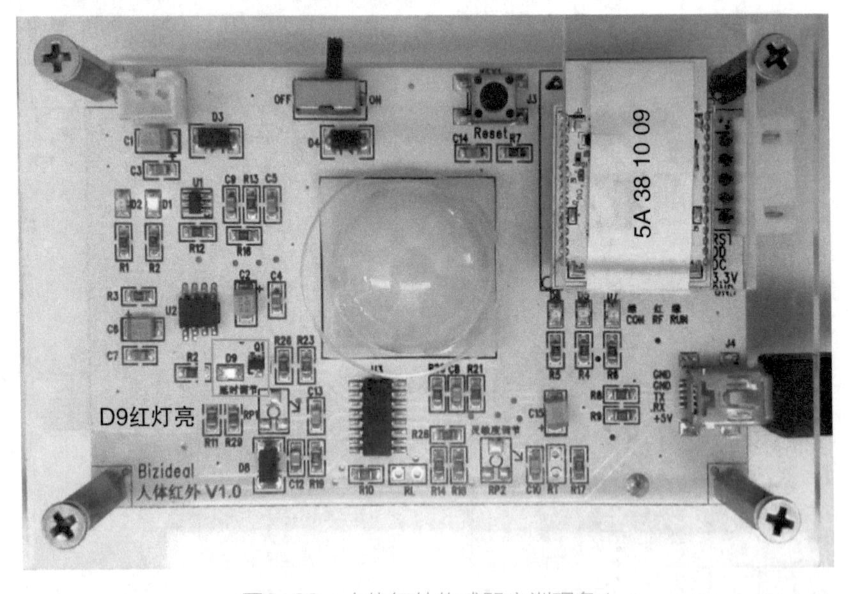

图6-20　人体红外传感器实训现象1

2）当人体红外传感器没有检测到人手时，直流电机模块中的风扇顺时针转动，D1、D6灯亮；人体红外传感器D5、D6灯亮。直流电机的实训现象，如图6-21所示。人体红外传感器实训现象，如图6-22所示。

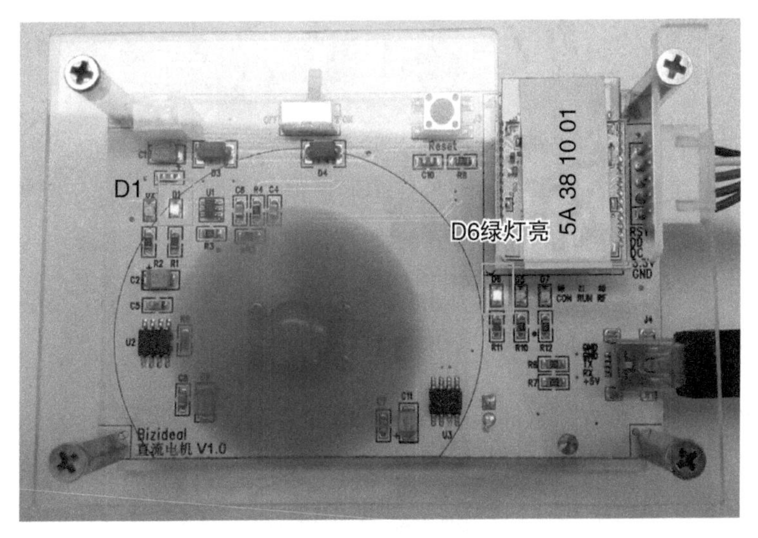

图6-21　直流电机实训现象2

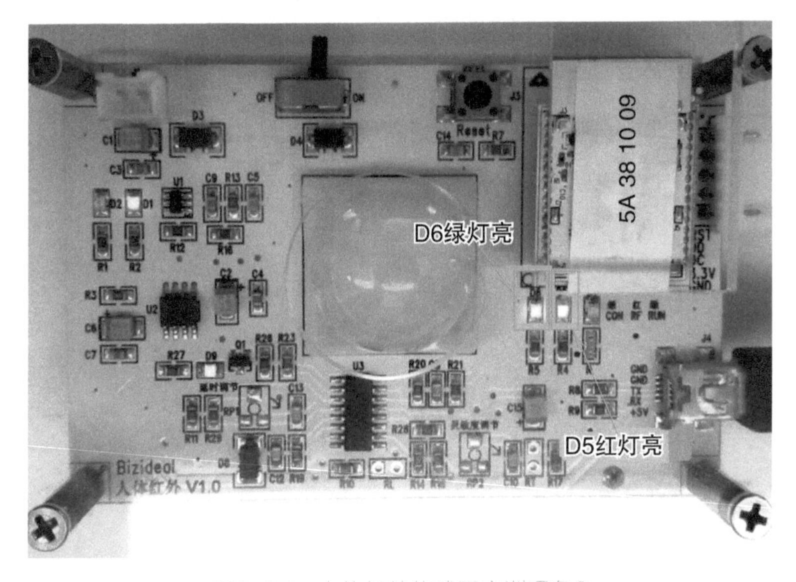

图6-22　人体红外传感器实训现象2

习题6-3

1）改变直流电机或人体红外传感器的地址，当网络地址不一致时，观察对实训的影响。解释出现这种现象的原因。

2）改变手靠近人体红外传感器的距离，观察人体红外传感器的灵敏度。影响人体红外传感器灵敏度的因素有哪些？

3）结合人体红外传感器和直流电机的通信实训现象，说一说人体红外传感器和直流电机模块与智能感应门有什么联系？

4）完成实训后，分小组讨论：人体红外传感器安装的最佳范围是多少？为什么？

6.4 智能人体感应系统实训2

智能人体感应系统实训包括智能人体感应系统模块介绍以及相应的实训步骤——搭建智能人体感应系统布局，实现人体红外传感器数据的采集。通过此实训，可利用移动终端查看实时的人体红外数据，判断是否有人。

扫码观看视频

6.4.1 智能人体感应系统模块介绍

人体红外传感器的安装，只需要完成供电即可。GND代表负极，5V代表正极和其额定电压值。接线时可以用红线分别连接端子板和人体红外监测器的正极，用黑线连接它们的负极。人体红外传感器接线拓扑图和接线实物图如图6-23和图6-24所示。

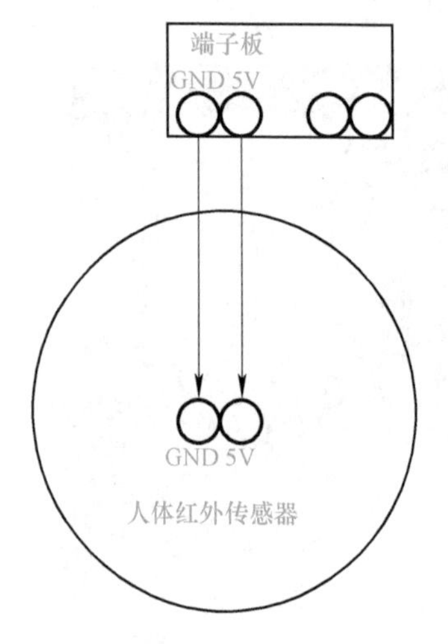

图6-23　人体红外传感器接线拓扑图

图6-24　接线实物图

6.4.2 智能人体感应系统实训步骤

扫码观看视频

1. 搭建智能人体感应系统布局

搭建人体红外传感器界面，代码如下。

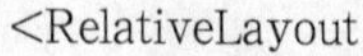

```
<RelativeLayout
    android:layout_width="150dp"
    android:layout_height="100dp"
    android:layout_marginStart="20dp"
    android:background="@drawable/bg_sensor">
    <TextView
        android:layout_width="wrap_content"
        android:layout_height="wrap_content"
```

```
        android:layout_alignParentLeft="true"
        android:layout_alignParentStart="true"
        android:layout_alignParentTop="true"
        android:text="人体红外"
        android:textColor="#000000"
        android:textSize="15dp"
        android:layout_marginLeft="20dp"
        android:layout_marginTop="20dp"/>
    <TextView
        android:id="@+id/tv_human"
        android:layout_width="wrap_content"
        android:layout_height="wrap_content"
        android:textSize="20dp"
        android:layout_marginLeft="90dp"
        android:layout_marginTop="50dp"
        android:text="有人"
        android:textColor="@android:color/holo_orange_dark" />
</RelativeLayout>
```

2. 实现人体红外传感器数据采集代码

人体红外传感器数据采集代码，如下。

信息采集：

```
if
(list.get(i).getBoardId().equals("")&&list.get(i).getSensorType().equals(ConstantUtil.
HumanInfrared)){
        sensorStrings[6]=value;
}
```

数据显示：

```
tvHuman.setText(sensorStrings[6].equals("1")?"有人":"无人");
```

智能人体感应系统实现效果如图6-25所示。

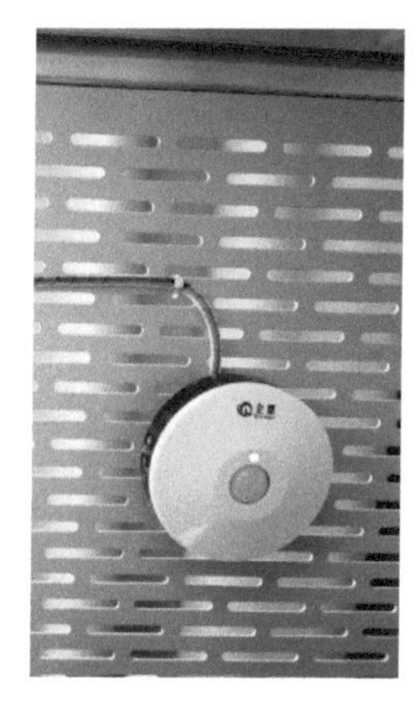

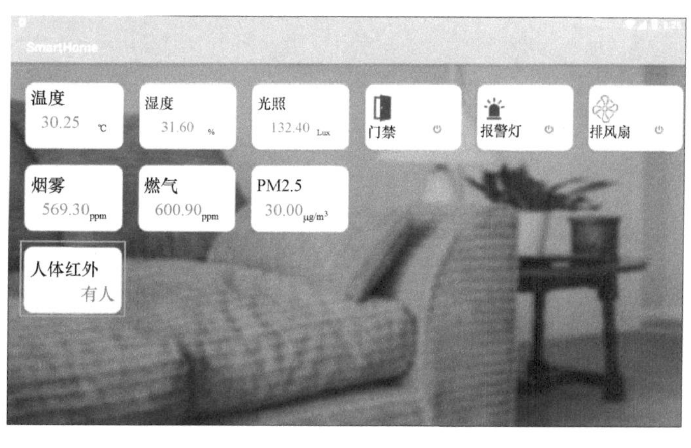

图6-25　智能人体感应系统实现效果

习题6-4

1）智能人体感应系统模块由哪几部分组成？

2）如何用代码实现人体红外传感器数据的采集？简述过程。

单元小结

1）智能感应门是指通过感应方式来实现对门开关的控制，当有人进入门的感应范围时，智能感应门可以自动完成开关动作。

2）按感应方式可分为触摸式感应门、刷卡感应门、微波感应门、红外线感应门等；按开门方式感应门大致可分为推拉式、旋转式和平移式。现在应用最广泛的智能感应门一般指的是平移式感应门和平开式感应门，“感应”是指自动门中的一种开门方式。

3）智能感应门所使用的传感器为人体红外传感器。

4）智能感应门配置有感应探头，它能发射出一种红外线或者微波信号，当这种信号被靠近的物体反射时，就会实现自动开闭功能。

5）智能感应门适合于商店、酒店、银行、写字楼、医院、宾馆等公共场所，应用特别广泛。使用智能感应门可以节约空调功耗、降低噪音、防风、防尘，同时可以使出入口显得庄重高档，科技感十足。

6）智能人体感应系统实训1：实现人体红外传感器与直流电机的通信。

7）智能人体感应系统实训2：实现人体红外传感器数据的采集。

单元 7

空气质量监测系统

学习目标

知识目标

- 了解PM2.5传感器模块、气压传感器模块和LCD显示器模块。
- 掌握空气质量检测传感器的数据传递过程。

能力目标

- 能进行PM2.5传感器模块、气压传感器模块和LCD显示器模块的通信实训操作。
- 会搭建空气质量监测系统布局，实现PM2.5监测器数据采集。

素质目标

- 树立环保意识和创新意识。
- 通过实训，培养规范意识，感受科技发展给工业、农业和生活带来的改变。

7.1 空气质量监测系统介绍

7.1.1 空气质量监测系统功能简介

随着生活条件的不断改善，许多人都拥有了自己的住房，住户在装修房子时不惜投入巨额费用，但各种家居材料的大量使用也产生了很严重的污染。很多装饰物中都含有甲醛、氨气、苯等有毒气体，厨房油烟里的苯并芘、一氧化碳，植物花粉、香烟、病菌、灰尘及各类异味等都使家居环境污染越来越严重。同时，各种家用电器产生的紫外线辐射、室内温度的改变、电磁辐射等污染也会对人们的健康构成巨大威胁。家居空气质量监测系统就是在这种情况下应运而生，旨在监测室内环境空气状况并及时预报当前的空气质量，为人们的健康生活提供服务。

家居空气质量监测系统的工作基于半导体传感器，并结合当前比较成熟的电子信息技术来对室内污染气体的情况进行检测，最终实现对室内空气中各项技术指标的自动监测。空气质量监测系统分为中央控制系统和空气监测子系统，如图7-1所示。它们在硬件上都采用微型工作站对数据进行接收和分析。

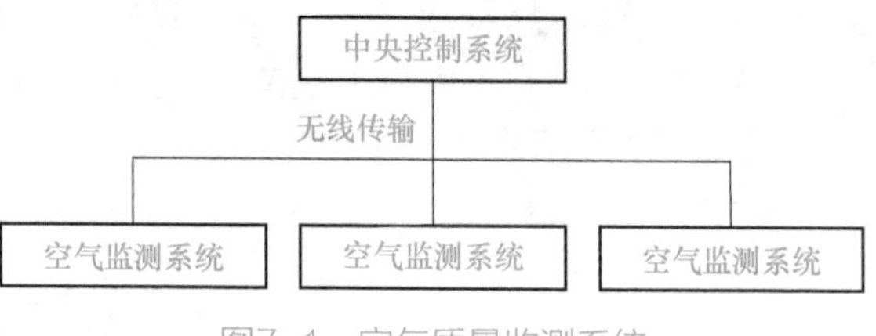

图7-1 空气质量监测系统

7.1.2 空气质量监测系统传感器

对室内环境进行监测的目的就是能够及时、全面、准确地发现室内空气质量情况及发展趋势，而整个空气质量监测系统中最重要的就是各个传感器。所使用的传感器种类及质量对空气质量监测系统的工作质量有着直接影响。空气质量监控系统包括控制系统、管理空气过滤系统以及对室内的湿度、温度、气体成分、压力和其他参数的监测系统。空气质量监测系统常见的所使用的传感器有PM2.5传感器和气压传感器。

1. PM2.5传感器

PM2.5传感器主要应用于环境监测系统、PM2.5检测仪、新风系统、净化器及其他空气净化领域。PM2.5激光粉尘传感器是数字式通用颗粒物浓度传感器，可以用来监测空气中单位体积内0.3～10μm悬浮颗粒物的个数，即颗粒物浓度，并以数字接口形式输出，同时也可输出每种粒子的质量数据。可在PM2.5激光粉尘传感器中嵌入各种与空气中悬浮颗粒物浓度相关的仪器、仪表或其他环境改善设备，为其提供及时、准确的浓度数据。其主要特征有粒子计数精确，零错误报警率；小巧方便，安装位置随意，利于携带；磁浮风扇，超静音；实时响应；低功耗。

PM2.5传感器的技术要求：可作为参考来测试环境的PM2.5，适用范围0～999μg/m^3；稳定时间短，无须传统的预热方式；使用光学原理，反应时间更快；传感器的结构考虑了空气动力原理，采用的磁浮无刷电机可以长期使用；设计友好，方便拆卸清洁，使维护更简单；满足国家GB 3095—2012《环境空气质量标准》和WHO（世卫组织）对于颗粒物的空气质量准则值所规定的数值范围测试要求。

2. 气压传感器

气压传感器用于测量气体的绝对压强。主要应用于与气体压强相关的物理实验，如气体定律等，也可以在生物或化学实验中测量干燥、无腐蚀性的气体压强。

有些气压传感器的主要传感元器件是由一个对压强敏感的薄膜组成，这个薄膜可以连接一个柔性电阻器。当被测气体的压强降低或升高时，会导致这个薄膜变形，该电阻器的阻值也会随之改变。从传感元件获得0～5V的信号电压，经过A-D转换传递给数据采集器，数据采集器再以适当的形式把结果传送给计算机。

某些气压传感器的主要部件为变容式硅膜盒。当该变容式硅膜盒外界大气压力发生变化时，单晶硅膜盒随之发生弹性变形，从而使得硅膜盒平行板电容器电容量发生变化。

习题7-1

1）目前现实生活中用于监测空气质量的传感器都有哪些？

2）在智能家居系统中，PM2.5传感器、气压传感器、LCD显示器应该放置在室内还是室外？请说出原因。

7.2 空气质量监测系统应用

7.2.1 空气质量监测系统应用技术

基于ZigBee技术的家居室内空气质量监测系统的提出，主要是针对室内空气的信息采集、传输的实际情况，用来解决普通家居易发生火灾、室内空气质量差等问题。室内空气质量监测系统之所以采用ZigBee技术主要是因为它具有以下优势：它在进行数据传输时采用的是无线自组网设备。这种应用方式非常值得推荐，整个系统只需要装置PM2.5粉尘传感器和气压传感器（其他可用到的传感装置，例如，温度传感器、湿度传感器也可以添加），就可以对室内的空气质量以及温湿度等进行检测。ZigBee技术具有高拓展性、低能耗、低成本等优点，基于ZigBee技术搭建的室内空气质量监测系统具有非常高的灵活性，能够满足现代智能家居空气质量监测的要求，同时实现了家居的智能化，为人们提供一个健康舒适的生活环境，让居家生活更快捷、更方便。

7.2.2 空气质量监测系统应用场景

1. 家居室内空气质量监测系统

人们约有80%以上的时间是在室内度过的，是人们接触最密切、最频繁的空气环境。

室内环境是一个系统的集成，是与建筑有关的、多性态因子的总和。体现了建筑装修、材料科学、通风空调、环境控制等多个专业领域的协调与配合，由设计施工、监测、验收、维护运行与管理控制所形成。人们现在所接触到的室内环境都或多或少存在着空气质量的问题，问题来源如图7-2所示。

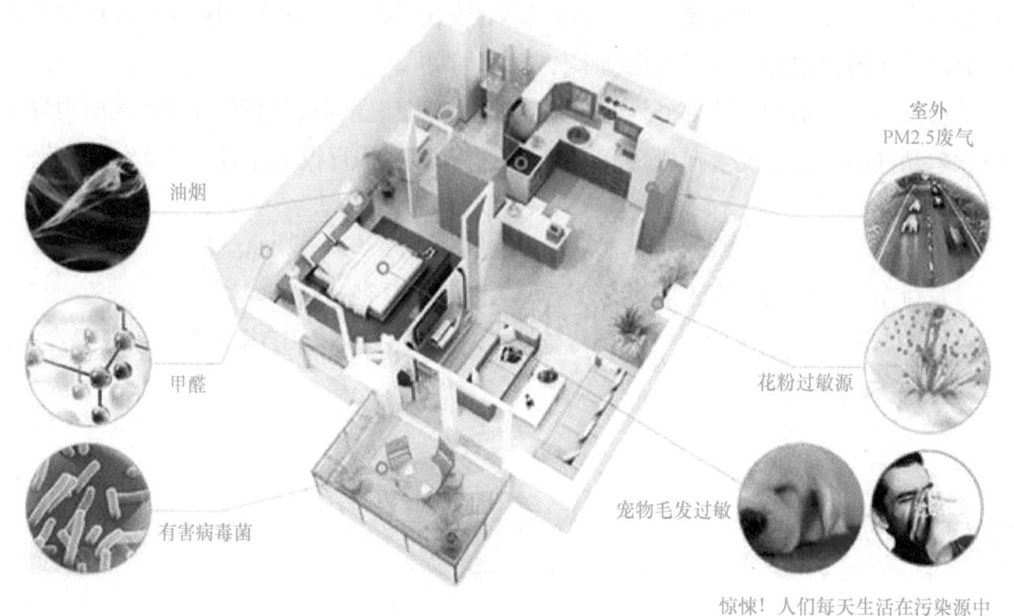

图7-2　室内空气质量问题来源

由此可见，建造一个健康舒适的生活环境是多么重要。

2. 生产工厂空气质量监测系统

很多产品在生产时对生产工厂的室内环境也有较高的要求，例如，微型电子产品生产工厂对空气中的粉尘颗粒度要求极高，生产工人在进入生产车间之前都要进行消毒、穿防尘服，做到全面防护，避免粉尘进入车间对产品的质量造成影响；药品生产工厂对生产环境的温湿度以及药品储存温湿度都有着严格的要求，稍有差池就有可能导致药品失去药效，无法使用。制药厂空气温湿度监控系统和医药温湿度监控系统分别如图7-3和图7-4所示。

3. 大棚蔬菜种植

空气质量监测在现代人们的生产生活中举足轻重、不可或缺，除了上述室内家居环境、电子产品生产工厂需要空气质量监测系统进行空气质量的监测，储存粮食的仓库也需要安装空气质量监测系统，来防止粮食变质。目前流行的蔬菜种植大棚同样需要空气质量监测系统，以保证种植的各种蔬菜的存活率及生长速度。大棚蔬菜种植及大棚蔬菜环境监测分别如图7-5和图7-6所示。

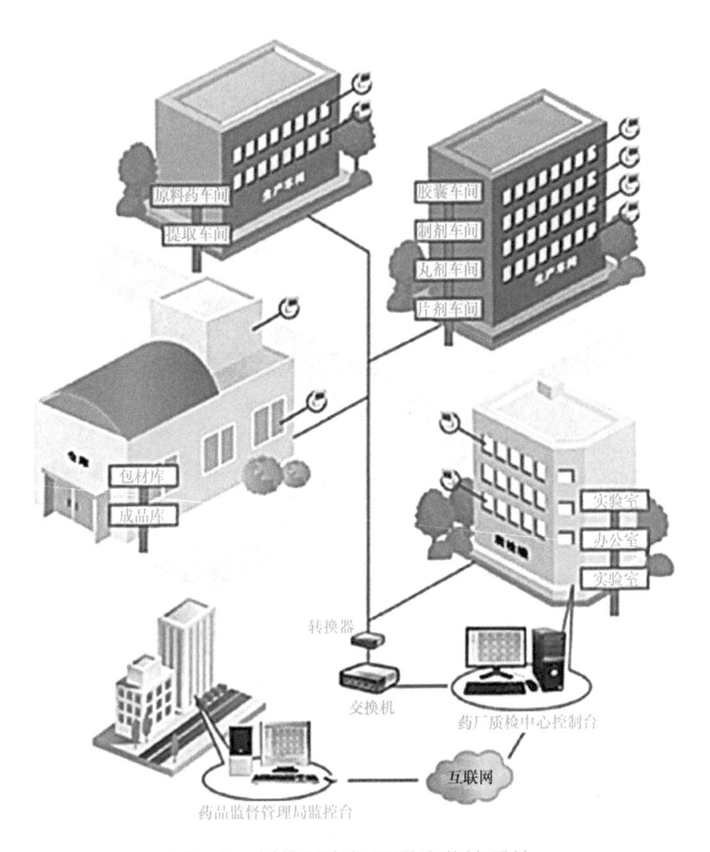

图7-3　制药厂空气温湿度监控系统

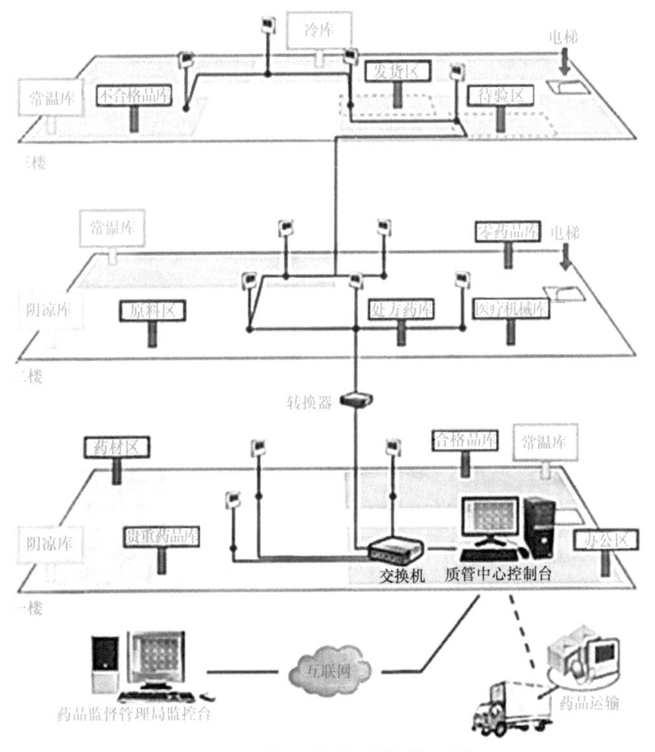

图7-4　医药温湿度监控系统

图7-5　大棚蔬菜种植

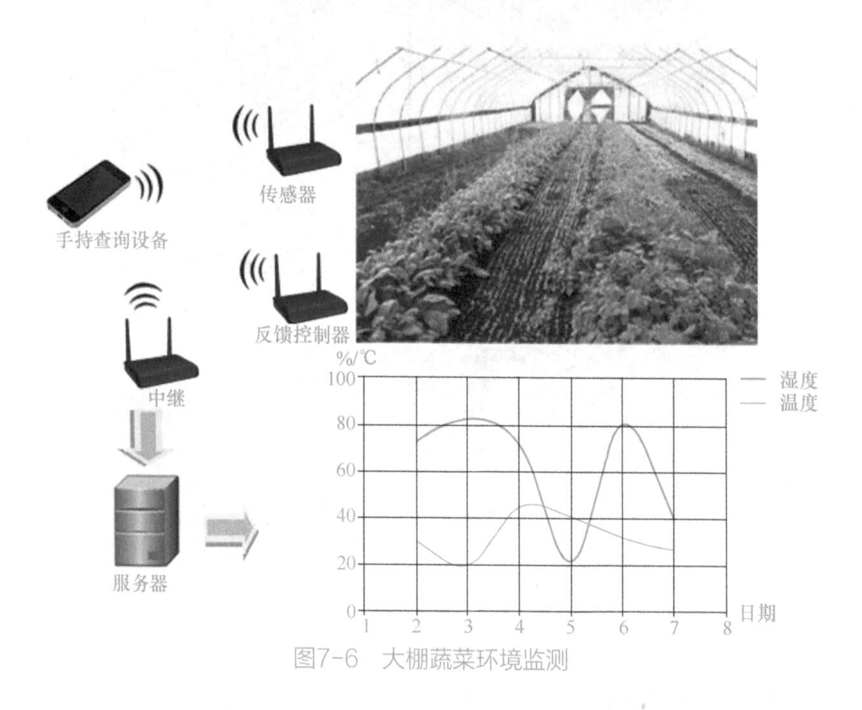

图7-6　大棚蔬菜环境监测

4. 贝虎环境卫士

贝虎环境卫士是具备健康云计算功能的空气质量监测仪，实现了对传统空气质量检测仪的彻底颠覆。它能365天不间断收集用户家里的全部空气数据，包括PM2.5、有机污染物、噪声、温度、湿度、一氧化碳等。它还能将所有收集的环境数据上传到贝虎云平台进行分析、计算，让用户打开手机应用软件就能一目了然看到家里当前的空气质量状况，并了解其是否威胁到家人的健康。贝虎环境卫士如图7-7所示。

图7-7　贝虎环境卫士

同时，通过云计算长期分析出的健康数据，贝虎环境卫士会实时提醒室内人员纠正对环境造成不良影响的行为，给出有效的改善建议，让用户和其家人始终生活在一个健康、舒适、安全的环境里，预防及杜绝由不良环境导致的健康问题。

习题7-2

1）查找资料，整理出空气污染的主要污染物都有哪些？

2）空气污染的主要来源都有哪些方面？可以采取哪些预防措施？

3）请思考，在种植了蔬菜的大棚里面需要一个什么样的空气质量监测系统，这个空气质量监测系统中需要哪些传感器？两人或三人一组，设计一个合理的蔬菜大棚空气质量监测系统。

7.3 空气质量监测系统实训1

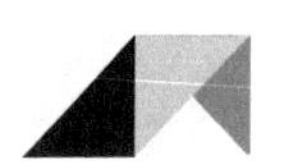

绿水青山就是金山银山。坚定不移走生态优先、绿色发展之路迫在眉睫，环境空气质量优良率和空气质量综合指数是衡量室外空气质量的重要指标。随着人民对美好生活的追求，人们对居住环境的要求也越来越高，而室内装饰物中的甲醛、氨气、苯等有毒气体，厨房油烟里的苯并芘、一氧化碳及各类异味等使家居环境污染越来越严重。空气质量监测系统也就在这种情况下产生了。这个系统的主要装置是PM2.5传感器，也可以搭配其他传感器完善它。接下来通过一个实训了解空气质量监测系统的工作原理。

7.3.1 空气质量监测系统模块介绍

本实训系统由PM2.5传感器模块、气压传感器模块和LCD显示器模块组成。

PM2.5传感器模块如图7-8所示。

气压传感器如图7-9所示。

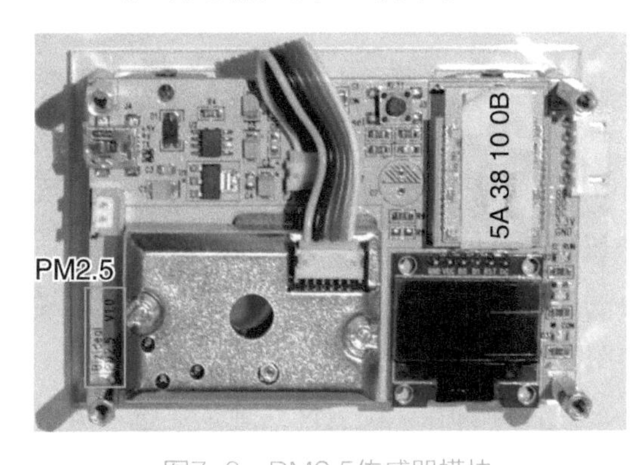

图7-8 PM2.5传感器模块

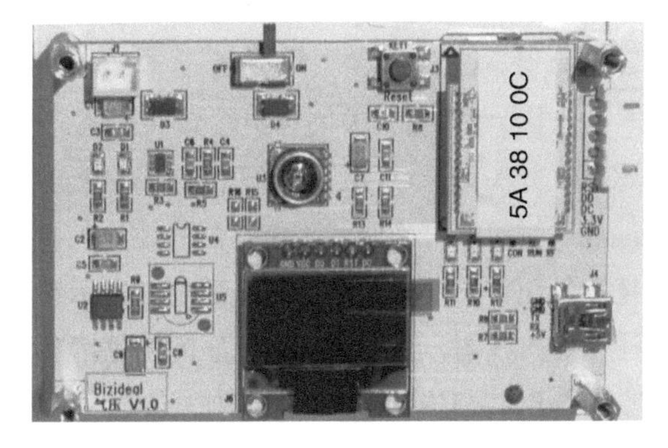

图7-9 气压传感器

LCD显示器模块如图7-10所示。

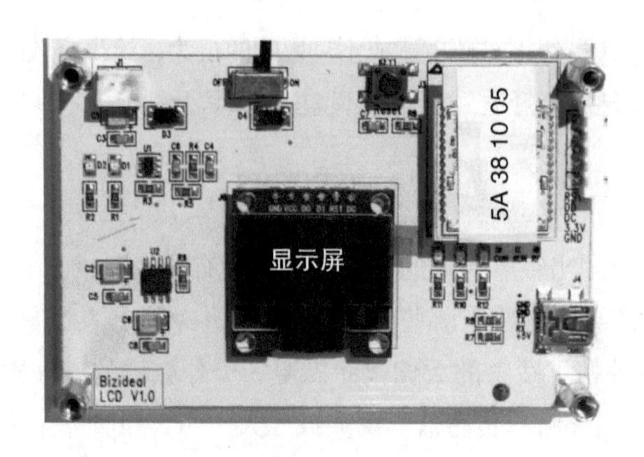

图7-10 LCD显示器模块

7.3.2 空气质量监测系统实训步骤

步骤1：烧写代码，具体操作见2.3.1节中的内容。

步骤2：打开配置工具 无线传感网教学套件箱配置工具1.4.4.exe ，即上位机软件。配置工具（上位机）介绍见2.3.3节中的内容。

步骤3：将USB串口线与PM2.5传感器连接，打开PM2.5传感器的电源开关，单击“查找可用端口”按钮，在右侧下拉列表中可自动读取到系统现在可以使用的端口，选择USB串口线对应的端口（可在Windows操作系统的“设备管理器”中，通过插拔USB串口线的方法，识别该线对应哪一个端口），单击“打开选中端口”按钮，打开选中的端口。

说明：查看计算机的可用端口的方法见2.3.3节中的内容。

步骤4：单击“读地址”按钮，可读取PM2.5传感器的地址，显示在按钮左侧的“地址”标签中；同时会自动读出PM2.5传感器采集到的PM2.5数值，显示在下方的文本框内，并在对话框右侧自动绘制PM2.5数值折线图，直观地反应PM2.5的变化情况，如图7-11所示。

步骤5：单击“关闭选中端口”按钮，将USB串口线与气压传感器连接，打开气压传感器（开关置于“ON”），单击“打开选中端口”按钮打开选中的端口。然后单击“读地址”按钮，可读取气压传感器的地址，显示在按钮左侧的“地址”标签中；同时会自动读出气压传感器采集到的气压数值，显示在下方的文本框内，并在对话框右侧自动绘制气压数值折线图，直观地反映气压的变化情况，如图7-12所示。

与PM2.5传感器的地址相比较，如果地址不一致，则可在“配置网络地址”选项组中重新配置气压传感器的地址，保持网络地址一致。具体方法是，将需要配置的地址输入至“配置地址”右侧的文本框中，然后单击“写地址”按钮，即可完成网络地址的配置。

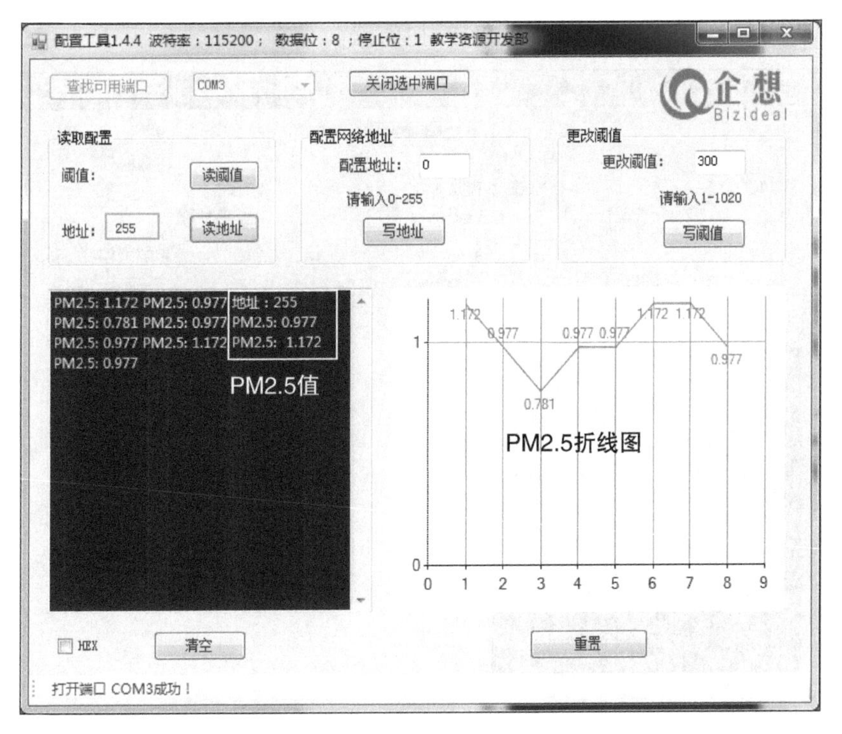

图7-11　PM2.5传感器数据

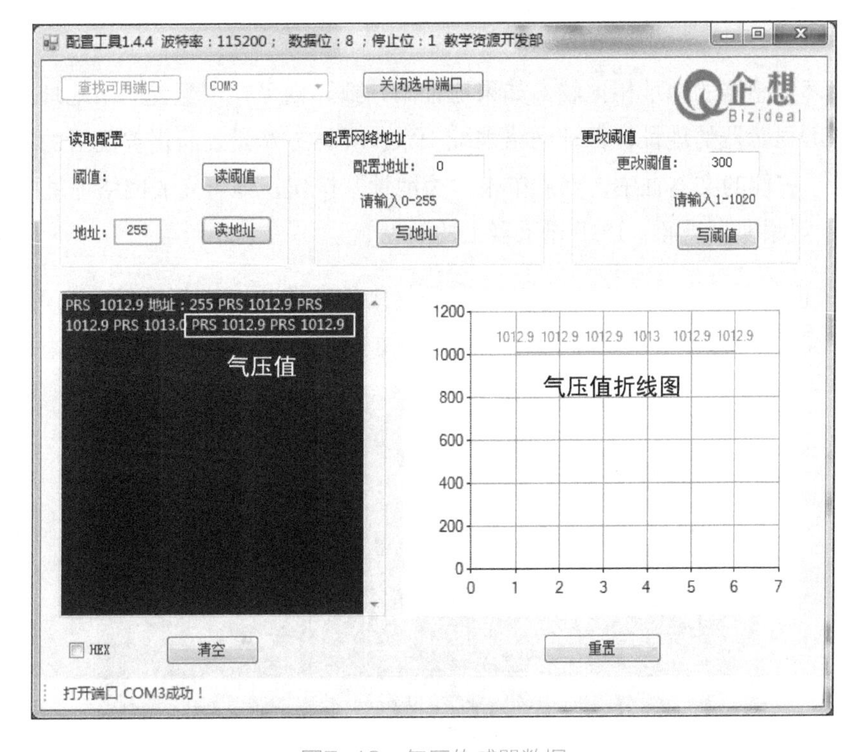

图7-12　气压传感器数据

步骤6：单击“关闭选中端口”按钮，将USB串口线与LCD显示器连接，打开LCD显示器（开关置于“ON”），单击“打开选中端口”按钮打开选中的端口。单击“读地址”按钮可读取LCD显示器的地址，如图7-13所示。

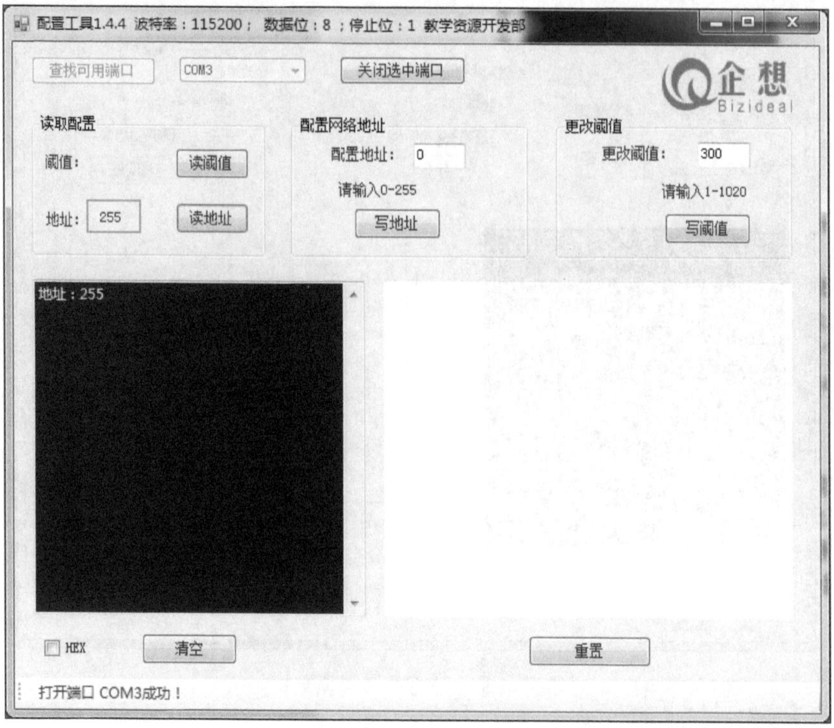

图7-13　读取LCD显示器的地址

与PM2.5传感器的地址相比较，如果地址不一致，则可在“配置网络地址”选项组中重新配置LCD显示器的地址，保证网络地址一致。具体方法是，将需要配置的地址输入至“配置地址”右侧的文本框中，然后单击“写地址”按钮，即可完成网络地址的配置。

步骤7：观察实训现象：LCD显示器上的数据。

说明：网络地址一致时PM2.5传感器、气压传感器和LCD显示器之间可以实现无线通信。此时，PM2.5浓度值和气压值都会在LCD显示器上显示，如图7-14所示。

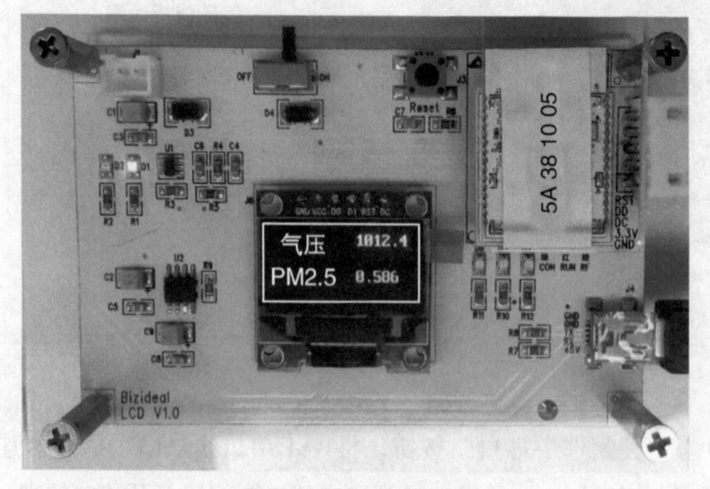

图7-14　LCD显示器

习题7-3

搜集资料，查出PM2.5和气压传感器的合理阈值是多少？

7.4 空气质量监测系统实训2

空气质量监测系统实训包括空气质量监测系统模块介绍以及相应的实训步骤——搭建智能空气质量监测系统布局，实现PM2.5传感器数据的采集。通过此实训，可利用移动终端查看实时的PM2.5数据，从而监测空气质量。

扫码观看视频

7.4.1 空气质量监测系统模块介绍

空气质量监测系统用到PM2.5传感器，只需要完成供电即可。GND代表负极，5V代表正极和其额定电压值。接线时可以用红线分别连接端子板和PM2.5传感器的正极，用黑线连接它们的负极。PM2.5传感器接线拓扑图和接线实物图如图7-15和图7-16所示。

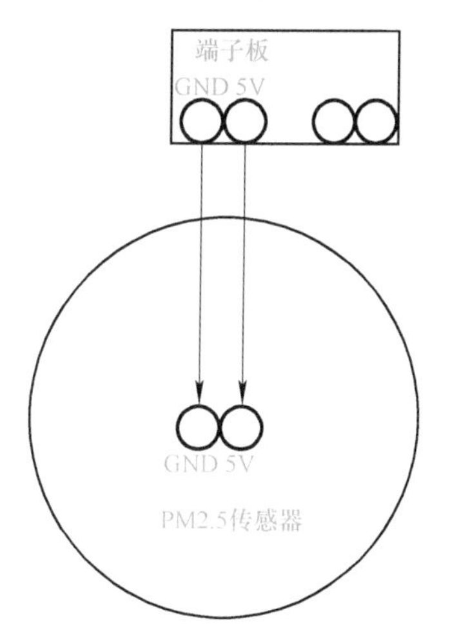

图7-15　PM2.5传感器接线拓扑图

图7-16　PM2.5传感器接线实物图

7.4.2 空气质量监测系统实训步骤

1. 搭建空气质量监测系统布局

空气质量监测系统布局代码，如下。

```
<RelativeLayout
    android:layout_width="150dp"
    android:layout_height="100dp"
    android:layout_marginStart="20dp"
```

```
    android:background="@drawable/bg_sensor">
    <TextView
        android:layout_width="wrap_content"
        android:layout_height="wrap_content"
        android:layout_alignParentLeft="true"
        android:layout_alignParentStart="true"
        android:layout_alignParentTop="true"
        android:text="PM2.5"
        android:textColor="#000000"
        android:textSize="15dp"
        android:layout_marginLeft="20dp"
        android:layout_marginTop="20dp"/>
    <TextView
        android:layout_width="wrap_content"
        android:layout_height="wrap_content"
        android:layout_alignParentEnd="true"
        android:layout_alignParentRight="true"
        android:text="μg/m3"
        android:layout_marginRight="13dp"
        android:layout_marginTop="60dp"
        android:textColor="#000000"
        />
    <TextView
        android:id="@+id/tv_PM25"
        android:layout_width="wrap_content"
        android:layout_height="wrap_content"
        android:textSize="20dp"
        android:layout_marginLeft="45dp"
        android:layout_marginTop="50dp"
        android:text="1"
        android:textColor="@android:color/holo_orange_dark" />
</RelativeLayout>
```

2. 实现PM2.5传感器数据采集

空气质量监测系统PM2.5传感器数据采集代码，如下。

信息采集：

```
if (list.get(i).getBoardId().equals("")&&list.get(i).getSensorType().equals(ConstantUtil.PM25)){
    sensorStrings[5]=value;
}
```

数据显示：

```
tvPM25.setText(sensorStrings[5]);
```

空气质量监测系统实现效果如图7-17所示。

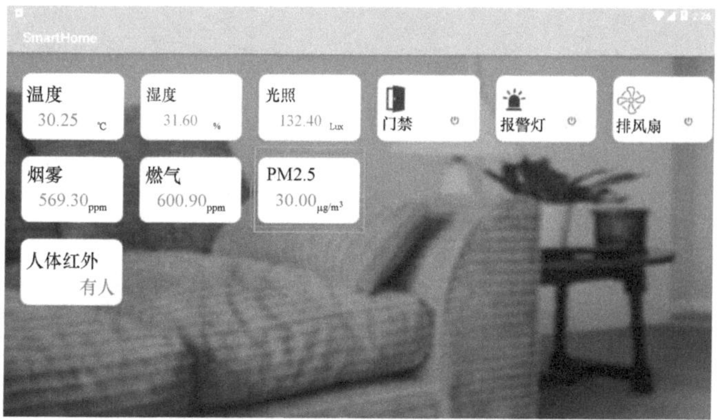

图7-17　空气质量监测系统实现效果

习题7-4

1）空气质量监测系统模块由哪几部分组成？

2）如何用代码实现PM2.5传感器数据的采集？简述过程。

单元小结

1）家居环境监测系统的工作基于半导体传感器，并结合当前比较成熟的电子信息技术来对室内污染气体的情况进行检测，最终实现对室内环境中各项技术指标的自动监测。环境监测系统分为中央控制系统和环境监测子系统，它们硬件上都采用微型工作站对数据进行接收和分析。

2）环境监测系统常见的所使用的传感器有PM2.5传感器和气压传感器。

3）PM2.5传感器主要应用于环境监测系统、PM2.5检测仪、新风系统、净化器及其他空气净化领域。

4）PM2.5激光粉尘传感器是数字式通用颗粒物浓度传感器，可以用来监测空气中单位体积内0.3～10μm悬浮颗粒物的个数，即颗粒物浓度，并以数字接口形式输出，同时也可输出每种粒子的质量数据。

5）气压传感器用于测量气体的绝对压强。主要应用于与气体压强相关的物理实验，如气体定律等，也可以在生物或化学实验中测量干燥、无腐蚀性的气体压强。

6）基于ZigBee技术搭建的室内环境监测系统具有非常高的灵活性，能够满足现代智能家居环境监测的要求，同时实现了家居的智能化，为人们提供一个健康舒适的生活环境，让居家生活更快捷、更方便。

7）环境监测系统应用场景：家居室内环境监测、生产工厂环境监测、蔬菜大棚环境监测等。

8）空气质量监测系统实训1：实现PM2.5传感器、气压计与LCD显示器模块的通信。

9）空气质量监测系统实训2：实现PM2.5传感器数据的采集。

单元8

智能采光系统

学习目标

知识目标

- 了解光敏传感器的类型及工作原理。
- 熟悉光照传感器模块和步进电机模块。
- 掌握光照传感器模块和步进电机模块之间的数据传递过程。

能力目标

- 能进行光照传感器模块和步进电机模块的通信实训操作。
- 会搭建智能采光系统布局，实现照度监测器数据采集。

素质目标

- 树立环保意识和节约意识。
- 通过实训，培养精益求精的工匠精神，树立科技强国意识。

8.1 智能采光系统介绍

8.1.1 智能采光系统功能简介

智能家居的智能采光系统，其实就是根据每天不同的时间、室外光亮度、某一区域的功能或该区域的用途来自动控制采光，是整个智能家居中的一个基础组成部分。

智能采光系统主要分为两大方向。一个方向是智能地控制房间中窗帘的开合，通过预先设定时间或情景模式，在特定的时间、环境状态下自动控制窗帘的关和开，也可以通过手机或计算机远程控制家里窗帘的开合。

智能采光系统的另一大方向是帮助采光差的房子增加室内的光线强度。智能采光系统如图8-1所示。

图8-1 智能采光系统

8.1.2 智能采光系统传感器

光照度传感器（光敏采集器）是最常见的传感器之一，它的种类非常多，其敏感波长主要在可见光波长附近，另外还可以探测到人们熟知的紫外线波长和红外线波长。光照度传感器主要利用光敏元器件来实现光信号和电信号之间的转换。光敏电阻是其中最简单的一种元器件，它可以感应到光线的明暗变化，转换成不同强度的电信号。常见的光照度传感器如图8-2所示。

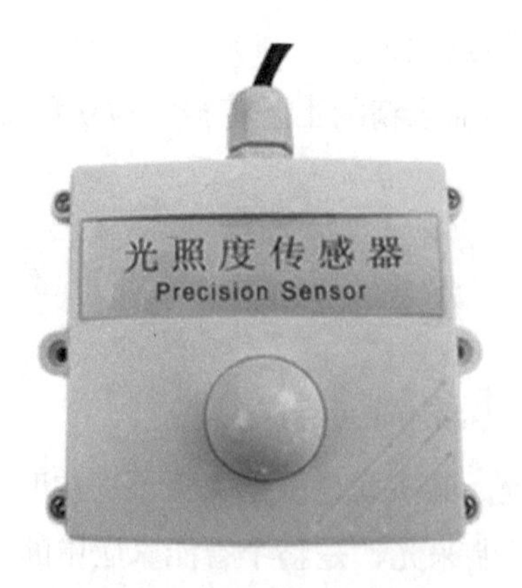

图8-2 光照度传感器

光照度传感器主要由光敏电阻、光电管、红外线传感器、太阳能电池等组成。光敏电阻是光敏传感器中最简单的电子元器件，它是一种对光敏感的元器件，其电阻值随着外界光照的强弱变化而变化。

光敏电阻在受到阳光照射时的阻值称为亮电阻，此时流过的电流为亮电流；其次是暗电阻，光敏电阻在不受阳光照射时的阻值称为暗电阻，此时流过的电流为暗电流；此外还有灵敏度、时间常数、最高工作电压以及温度系数等。对于光敏的测定需要将不同强度的光照射到待测定的光敏电阻上，然后利用电流表和电压表测得电流和电压值，再利用欧姆定律近似测出电阻的相应阻值，最后记录数据，用相应的公式计算出对应的光敏系数。

随着科技的发展，越来越多的光照度传感器被应用于智能窗帘，它可以帮助人们解决手动操作闭合窗帘的烦恼，可以及时地避免太过强烈的阳光的照射，使室内的阳光更适合人们的生活和工作，从而使得人们的生活变得越来越简单、越来越智能。

光照度传感器在智能窗帘中应用最多的是智能百叶窗，如图8-3所示。它可以根据光线的强弱自动调整百叶窗的开启与闭合，从而智能地控制室内的光线，使室内的光线始终保持在适合人们生活和工作的范围，让人们能更有效地工作和生活，避免光线过强或过暗带给人们的不便。

图8-3 智能百叶窗

习题8-1

1）在人们的生活中有很多地方会使用光敏电阻。请仔细观察身边的事物，有哪些设备或装置用到了光敏元器件？

2）查阅资料，说一说光照度传感器的光感应原理。

8.2 智能采光系统应用

8.2.1 智能采光系统应用技术

智能采光系统的功能通常是利用光照度传感器来实现的。光照度传感器一般采用对弱光也有很高灵敏度的硅蓝光探头作为探测器，硅蓝光探测器具有测量范围宽、线性度好、便于使用、防水性能好、安装方便、结构美观、传输距离远等优质特点，适用于各种需要光感测量的环境，尤其适用于城市照明、农业大棚等场所。根据不同的测量环境，须配置不同的量程范围。

从工作原理上讲，光照度传感器是一种采用热点效应原理的器件，这种传感器最主要的部分是对弱光性有较高反应的探测部件，这些探测部件其实就像数字照相机的感光矩阵一样，内部有绕线电镀式多接点热电堆，其表面涂有高吸收率的黑色涂层，热结点在感应面上，冷结点位于机体内，冷热结点产生温差电势。在线性范围内，输出信号与太阳辐照度成正比。透过滤光片的可见光照射到进口处的光敏二极管，光敏二极管根据可见光照度大小转换成相应大小的电信号，然后电信号会进入传感器的处理器系统，从而输出需要得到的二进制信号。

当然，光照度传感器还有其他很多种分类，有的分类甚至对上面介绍的结构进行了优化，尤其是为了减小温度的影响，光照度传感器还应用了温度补偿线路，这样很大程度上提高了光照度传感器的灵敏度和探测能力。

1. 智能采光系统硬件选型

智能窗帘系统硬件包括窗帘电机、导轨、电话线、节点型继电器和窗帘。

智能窗帘系统可通过ZigBee远程控制窗帘的开启、闭合和暂停。

智能窗帘系统硬件接线图如图8-4所示。

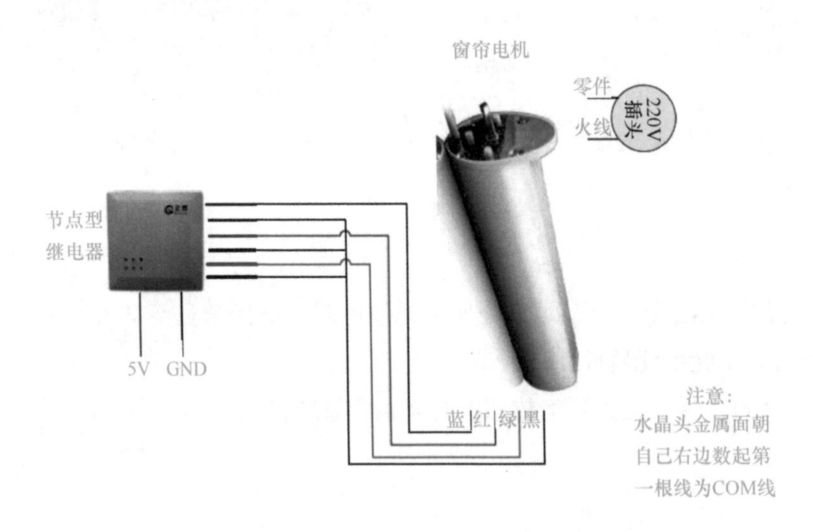

图8-4 智能窗帘系统硬件接线图

2. 智能采光系统安装

智能窗帘按照控制方式大致可以分为4种：光控、手控、雨控和时控。其中光控和雨控属于全自动类，手控和时控属于半自动类。根据不同的情况，智能窗帘在实施和普及时会遇到不同的问题。有些不能完全实现自动化；有些虽然实现了完全自动化，但是结构复杂，性能不够稳定；有些虽然实现了完全自动化且性能达到了一定的稳定程度，但价格昂贵不适合普通消费者使用。所以，在设计、规划、安装智能窗帘时要根据用户的具体情况选择合适的系统。

3. 智能窗帘安装方法

（1）测量尺寸，画线定位

首先要做好画线定位和测量尺寸的工作。其中画线定位直接和后期窗帘轨道的安装有关，如果画线定位不准确，会导致窗帘导轨的安装出现倾斜、无法卡入、导轨过短等问题，所以定位非常关键，要求画线相当准确。

其次需要测量好相关的尺寸，包括窗帘轨道的尺寸、窗帘电机的尺寸、固定的孔距等。

另外，有些智能窗帘的轨道是弧形的，其测量方法有些不同，可按照建筑物弯曲弧形的弧长来进行窗帘轨道测量，其中轨道的总长度就是电机、轨道以及副传动箱长度的和。

（2）窗帘电机安装

安装智能窗帘和普通窗帘的不同之处就在于智能窗帘有电机（有时还有传动箱），所以必须要考虑到电机的安装。下面将介绍常规电机的安装方法。

一般在安装电机之前需要将吊装卡子装好，旋转一定的角度与轨道衔接好，然后将自攻螺钉安装到导轨（或墙体的）顶板上，接着将智能窗帘的电机连好线。

注意，在安装卡子的时候如果墙壁是混凝土结构的，由于墙体会比较硬，自攻螺钉无法打入太深，导致固定不够牢固，所以除了自攻螺钉外还需要增加一些膨胀螺钉固定，这样安装的电机才能够更加牢固和稳定，不容易掉落。

（3）连接电机和轨道

智能窗帘安装的第三步是将智能窗帘的导轨和电机连接起来。通常情况下，电机使用的履带式窗帘导轨两端都装配有传动箱，其中与电机相连的一端称为主传动箱，导轨另一端是副传动箱。

电机和导轨之间的连接常见的是使用旋转插锁的方式。连接的时候，先将电机放入主传动箱内，转头对准传动箱中间，将锁头旋转一定的角度，然后将插片推入传动箱到锁定位置，这时传动箱会自动锁住，这样电机就与传动箱连接好了。

（4）电机调整

最后一步是将电机调整好，通过接线实现电机的正转和反转，这样才能实现窗帘的开启和闭合的定位。常见的调整方法有齿轮咬合式和转头定位式。这里介绍齿轮咬合式的调整方式。

调整前将电机和轨道的传动箱分离，调整电机上的两个旋钮，使电机上的齿轮进入齿合状态，只有当这上面的两个旋钮全部进入了齿合状态后，这个调整工作才算是完成。

调整好后将电机后盖盖上，用螺钉拧紧，固定好定位锁片，再将电机与导轨传动箱连接。完成之后最好再检查一遍，通电查看智能窗帘是否能正常运行。

智能窗帘是当前家居生活中一种较为常见的智能配件，其性质与一般普通窗帘不一样，因而在安装过程中会有很大的不同。所以在安装智能窗帘之前，最好对它有充分的了解，然后去安装。

4. 智能窗帘安装注意事项

（1）智能窗帘的选购

智能窗帘的种类有很多，例如，电动开合帘、电动垂直帘、电动卷帘窗帘、天棚窗帘、电动百叶帘、电动罗马帘等。在选购智能窗帘的时候，一般需要考虑运行是否稳定、是否静音、动力是否强大。

1）稳定：智能窗帘如果运行不稳定，时不时需要手动操作，那么就失去了“智能”两个字的意义了。

2）静音：作为智能家居产品，需要做到运行安静，不要产生任何人能够觉察的噪声，以保证家居环境的安静。

3）动力强大：有的窗帘比较重，比如，大型落地窗的窗帘，如果电机提供的动力不足，则窗帘系统就无法正常运行，甚至会导致电机烧坏的情况。所以，电机需要提供强劲的动力，带动笨重的窗帘开合、升降自如。

（2）插座位置的选择

插座位置最好避免潮湿、有可燃物体遮盖的地方。一般要求插座至少是5孔的，根据安放的位置附近是不是还有别的电器可以适当增加孔数。这样如果要更换智能窗帘，这个插座还可以使用，比如，用作空调的插座。

（3）安装事项的要求

安装智能窗帘时一定不能用铝合金、苯板、石膏板或塑料扣板等材料的棚顶。这些地方会使螺钉无法上紧或打不进孔，严重的甚至会掉下来，带来很大的麻烦。而且，不管是哪个部位一定要安装牢固，与墙体紧密结合，才能有最好的安装效果，保证最好的安装质量。

8.2.2 智能采光系统应用场景

1. 智能窗帘

智能窗帘方便时尚大气，能为用户的房间带来一般窗帘不能带来的优越感，如图8-5所示。其安装简单，易于操作，能为用户营造一个更私密、更舒适的家的温暖氛围。独特个性的设计还可以让用户充分发挥自己的主观能动性进行选择。

智能窗帘是指带有一定自我控制、调节和反应功能的窗帘，可以根据室内环境的状况自动调光线强度、空气湿度、室内温度等，有智能光控、智能风控和智能雨控三大特性。

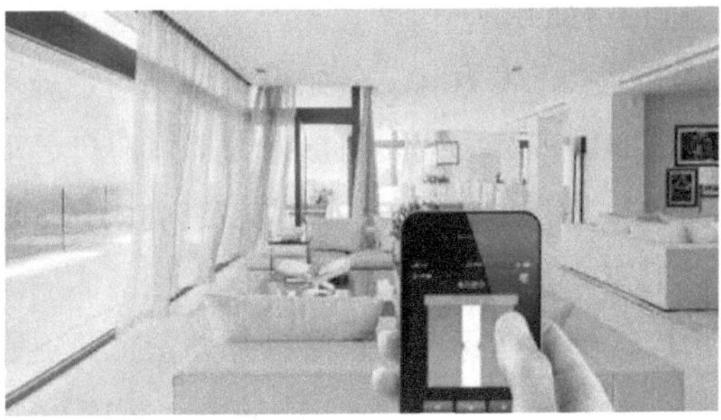

图8-5　智能窗帘

智能窗帘的工作原理就是在传统的窗帘上接入电路，把家用电压转换成直流低电压给无线（比如，蓝牙、ZigBee）控制模块供电，通过无线控制模块来控制电路中电机的工作状态。另外，在移动端下载对应的APP软件，通过蓝牙（或其他无线通信方式）和智能窗帘电路中的无线控制模块建立数据通信，从而达到遥控的目的。智能窗帘控制系统如图8-6所示。

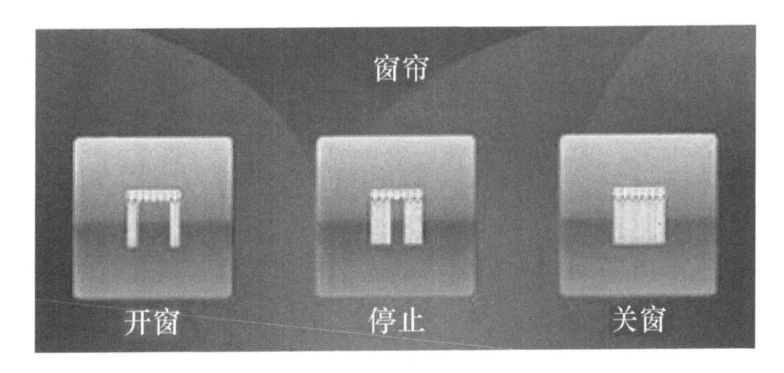

图8-6　智能窗帘控制系统

智能窗帘的主要功能如下。

智能窗帘是一种新型的高科技产品。它的应用将带来高科技的享受及便捷，同时能美化家庭环境，使家庭环境更加舒适美好。

1）备有手动和智能线控按钮、遥控器及定时器。当窗帘完全开启或关闭时，驱动器能及时停止工作。电源发生断电时，可手动开启及关闭系统。

2）窗帘驱动设备器内装有可靠的安全设防保护装置。

3）驱动设备内的缓冲消逝器及不同的调控速度将带来无比美好、安静舒适的新时尚生活享受。

4）具有多档不同的开启和关闭速度，不同的场合可选用不同的速度。

5）系统专用遥控器连同系统专用位置码接收器一并对已设定的不同窗帘系统进行控制。该系统设备能单独或同时用于控制不同的窗帘系统。

智能窗帘的优势如下。

1）能定时自动开关。定时设定窗帘每天的开或关，早上几点拉开窗帘，让阳光进入房间。有的用户有晚上一进家门就拉窗帘的习惯，工作一天已累得乏力还要去每个房间把窗帘拉上，较为麻烦。如果有智能窗帘就不用这样了。只要设定时间就能在回家后马上让全家的窗帘缓缓地关闭，省去了用户自己动手拉窗帘的麻烦，而且也省时方便。

2）需求大。智能窗帘能定时拉开或关闭，也能一键随意开或闭，不同时间段都能自由把控。智能窗帘现在运用很广泛。酒店、办公会议室、体育馆等尤其是大型住宅和别墅用户，不可能每次都到窗口开关窗帘，更需要智能窗帘。

3）声控。更值得一提的是，智能窗帘还支持声控功能。只需要对着连接智能窗帘的移动设备对话就能轻松控制窗帘的关闭和打开。

4）防盗功能。如果用户长时间不在家则会担心有人盯上。智能窗帘就可以每天定时开或关，造成每天家里都有人居住的假象，以防不法分子的非法之想。如果配上每天定时开、关灯，就更能模仿出每天有人居住的假象，就能起到防盗的效果。

5）纱帘与布帘可分开操作。有些家庭是使用双层窗帘，内外两层，用户可以根据喜好或天气情况，自由选择拉开布帘还是拉开纱帘。当然，这也能同时进行。快捷方便，让窗帘被随手掌控。

智能窗帘的特点如下。

1）适用范围广泛。在家里的客厅、卧室等都可以使用，美观大方。在窗户面积较大的会议室、别墅等也有广泛的使用率，自动开合节省了很多人力物力。无论是落地窗还是一般的窗，都可以安装电动窗帘，运用广泛。

2）动力。最主要的电机可以根据窗帘的大小来选择直流或交流两种供电方式，电机的动力大小也可以由用户自行选择。窗户面积很大的，可以采用钢丝绳或导轨导向。

3）灵活、噪音小。在自动开合时，窗帘的运行是灵滑顺畅的，对所在空间的噪音影响较少。

4）操作方式可选择。既可以用遥控或者按钮控制窗帘开合，也可以用手操作，满足两种方式的切换。如果要同时控制多个窗帘，则有群控的功能来选择，非常方便。

5）窗帘材质选择多。布艺窗帘材质的选择多样，无论是纯棉、麻、涤纶还是其他各种常用材质，都可以安装在电动窗帘上，整体效果与手动窗帘一样。

6）日常使用更简便。在遮光上，只要选择有遮光功能的布艺，与常用的窗帘并没有不同的地方。有的窗帘还有隔音、隔热等多种功能。电动布艺开合窗帘在这些基础上会更加方便，使用更加简单。

2. 智能阳光房

智能阳光房与一般阳光房相比，多了电动开启遮阳帘、电动开启屋顶天窗、电动开启风扇这些功能。要实现这些功能就需要不少传感器，比如光传感器（光线太强时自动调节遮阳帘或百叶窗）、雨水传感器（在下雨时自动关窗，包括屋顶天窗）、PM2.5传感器（空气中颗粒物过多或空气过于浑浊时自动调节风扇和换气扇）。智能阳光房如图8-7所示。

图8-7 智能阳光房

智能阳光房产品功能如下。

（1）拥有智能防盗系统

当智能防盗传感器系统检测到外界有非正常操作或入侵的信息时，将会发送信息至控制系统，窗门会自动关闭，同时会发出警报，并通过网络在手机中提示主人。

（2）自动防风系统

当传感器检测到大风信息时，智能采光天窗随即自动关闭，阻挡风沙、尘埃等各种轻浮杂物的进入，呵护家庭的优美环境。

（3）自动防雨系统

出门在外总有忘记关窗的时候，当传感器检测到下雨信息时，智能采光天窗会自动关闭，使居室免遭雨水肆虐，留给主人一个干净舒适的归宿。此功能特别适合高楼住户。

（4）拥有空气烟感监控系统

当室内的空气烟雾系数达到了烟感监控器设置的系数时，采光天窗智能系统会自动打开窗户，同时，智能换气扇系统也会自动开启，将烟雾排出窗外，达到净化空气的目的。

（5）无线智能控制系统

无线遥控器在室内任意位置均可控制开、关智能化采光天窗，且可随心所欲控制智能化采光天窗。

智能化阳光房的结构：阳光房的主体结构是整体阳光房的骨架，其承载力和荷载分散在骨架上，牢固的主体结构材料是阳光房的生命力。阳光房的主体框架结构通常采用轻体钢结构作为承重主体材料，高档阳光房采用断桥铝合金、铝包木、木包铝结构。每种材料的性能和感观效果不同，可根据户型及美观效果由用户自主进行选择。按照阳光房的主要框架结构形式分类如下：

1）隔热铝合金结构阳光房（轻型铝材无缝隙无铆钉对接技术）。

2）轻体钢结构框架阳光房（轻钢结构为框架，内外装饰面可自选）。

3）实木结构阳光房（实木卯榫结构无铆钉外露式工艺）。

4）复合结构阳光房（钢木复合结构、铝木复合结构）。

3．智能采光镜

大家都知道，自然光是最舒适的光线，人工光线往往无法在同等亮度下提供柔和的舒适光线。现在，有这样一款样子奇特的镜子能够反射自然光线到自己的住宅中，它的名字叫作Lucy智能采光镜，如图8-8所示。它可以采集太阳能供电，能够自动追踪阳光的方向，并以最佳的角度将自然光线反射至光线不好的住宅中。

Lucy智能采光镜重量约为2.5kg。整体看上去就是一个直径30cm的透明球体，里面安装了平面镜、光传感器、太阳能电池以及指示器。配上一个直径18cm，高3cm的圆形底座，可以摆放在任何平面上。正常情况下，平均每个房间每25m^{2}需要5000lm的光束，而一个Lucy智能采光镜一次可反射7000lm的光线，如图8-9所示。

图8-8　Lucy智能采光镜应用场景

图8-9　Lucy智能采光镜

Lucy智能采光镜的工作原理较为简单，通过一个光传感器网络，能够实时跟踪太阳的轨迹，将阳光反射到用户指定的点或者采光不好的房间。采光不好、幽闭的空间，可以借用镜子的映射作用，借自然光线或者灯光来增亮空间。

这款Lucy智能采光镜极具智能化，可自动紧随太阳的东升西落把阳光全天反射到室内，例如，客厅、房间，为用户节省电能，并且产生自然采光的效果。如果家里养了植物，同样可以利用Lucy给植物提供阳光。最好的方法就是将Lucy对准植物上方的墙壁，这样阳光就能分洒到植物的周围。

另外，Lucy智能采光镜还可以配合APP使用，会告诉用户房间的照明需求以及该如何满足这个需求。Lucy智能采光镜采用了太阳能作为能源，所以不需要充电，它靠自身收集到的阳光运行。维护起来也不麻烦，只须保持表面干净即可。

习题8-2

1）为自己的房间设计安装合适的智能窗帘。

2）窗帘都有哪些类型？家中的各个房间的窗帘应该如何进行选择？

8.3 智能采光系统实训1

智能采光系统在家用和农用领域的使用越来越广泛，家用智能采光系统让生活更智能化、便利化，农用智能采光系统让农作物的生长更科学、产量得到优化。智能采光系统中最重要的装置是光照度传感器，它能感应到光照强度的变化，搭配其他装置使用可以实现更多功能。接下来的采光系统实训完整地呈现出了光照度传感器搭配步进电机使用的工作过程。它模拟了家用的自动窗帘装置。

8.3.1 智能采光系统模块介绍

光照度传感器与步进电机通信实训系统由步进电机模块和光照传感器模块组成。步进电机模块正面图，如图8-10所示。步进电机模块背面图，如图8-11所示。光照传感器模块，如图8-12所示。

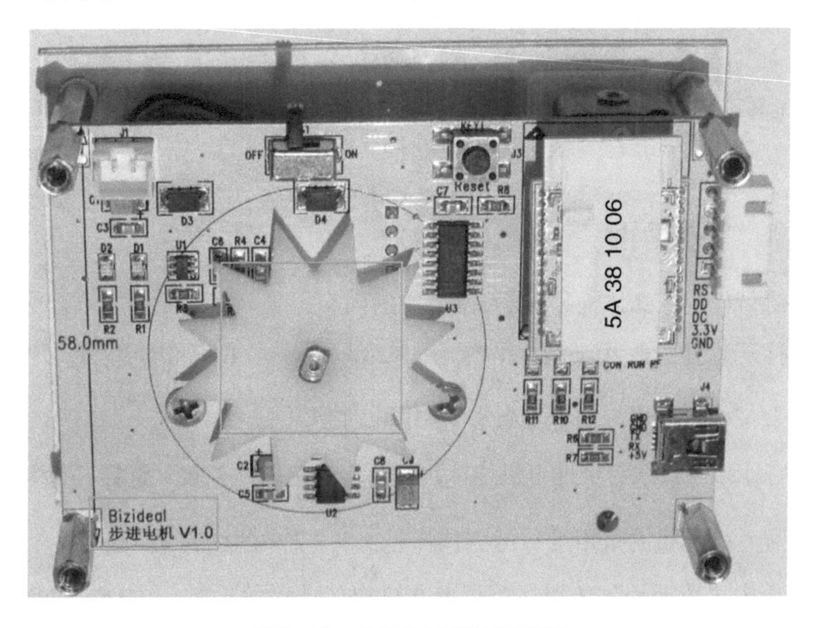

图8-10 步进电机模块正面图

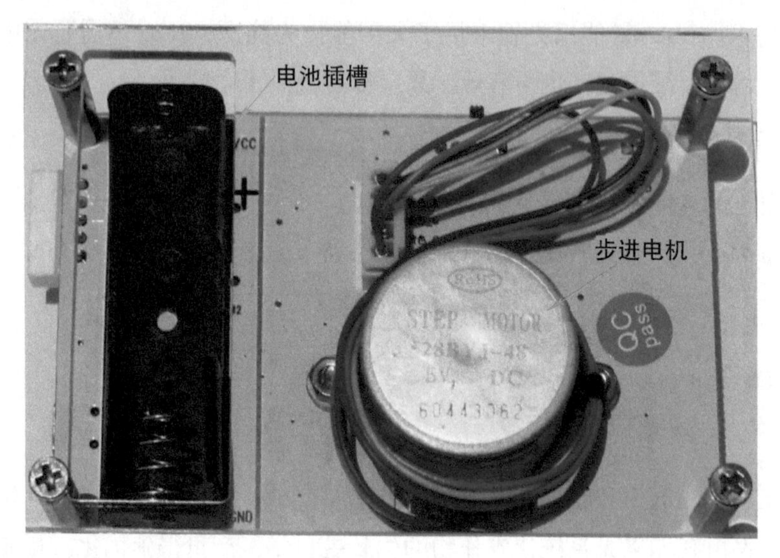

图8-11 步进电机模块背面图

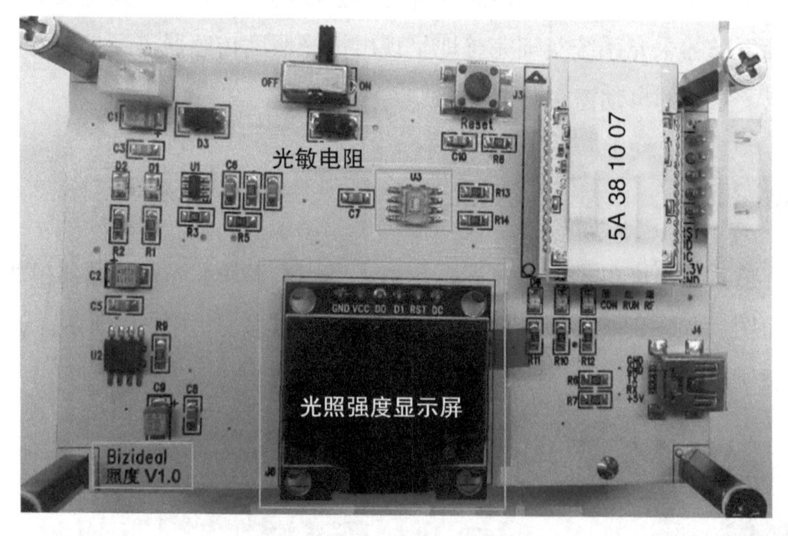

图8-12 光照传感器模块

8.3.2 智能采光系统实训步骤

扫码观看视频

步骤1：烧写代码，具体操作见2.3.1节中的内容。

步骤2：打开配置工具 无线传感网教学套件箱配置工具1.4.4.exe ，即上位机软件。

说明：上位机的使用介绍详见2.3.3节中的内容。

步骤3：将USB串口线与步进电机连接，打开步进电机，查找、选择并打开可用端口。

说明：查看计算机的可用端口的方法详见2.3.3节中的内容。

步骤4：单击“读地址”按钮，可读取步进电机此时的地址，为16，如图8-13所示。记下此数据。

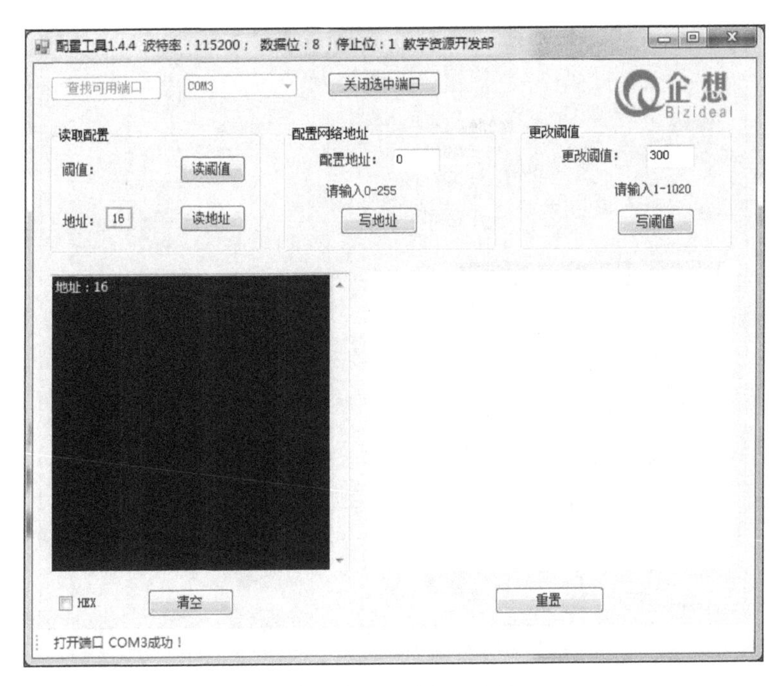

图8-13 步进电机地址

步骤5：单击“关闭选中端口”按钮，将USB串口线与光照传感器连接，打开光照传感器（开关置于“ON”），单击“打开选中端口”按钮。

步骤6：单击“读阈值”按钮，可读取光照传感器的阈值为130，如图8-14所示。

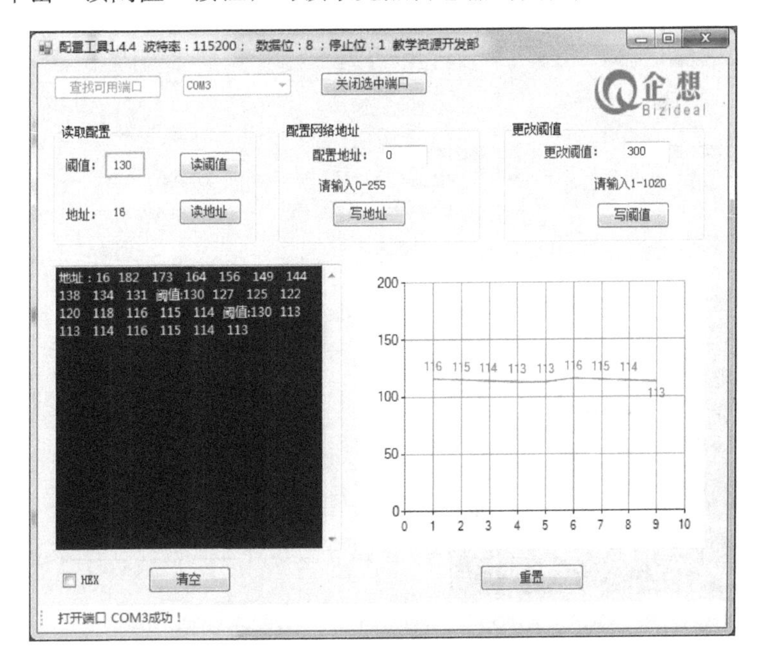

图8-14 光照传感器阈值

如果阈值不符合要求，则可在“更改阈值”文本框中重新改写合适的阈值，如图8-15所示。

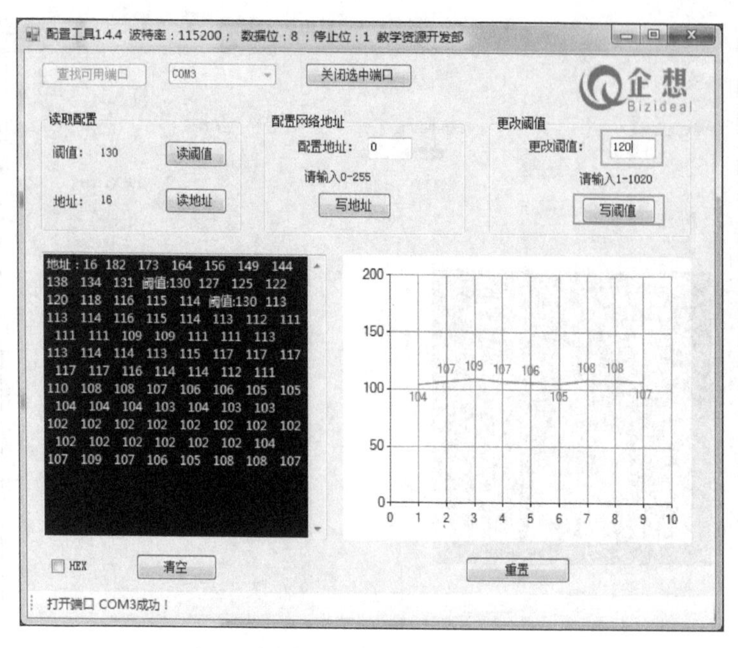

图8-15 更改阈值

在“更改阈值”文本框输入合适的阈值后，单击“写阈值”按钮，在弹出的对话框中单击“确定”按钮，5s后按下光照传感器上的“复位键”，此时光照传感器的阈值改写成功，可单击“读阈值”按钮检查。

步骤7：单击“读地址”按钮，可读取光照传感器此时的地址为18，如图8-16所示。

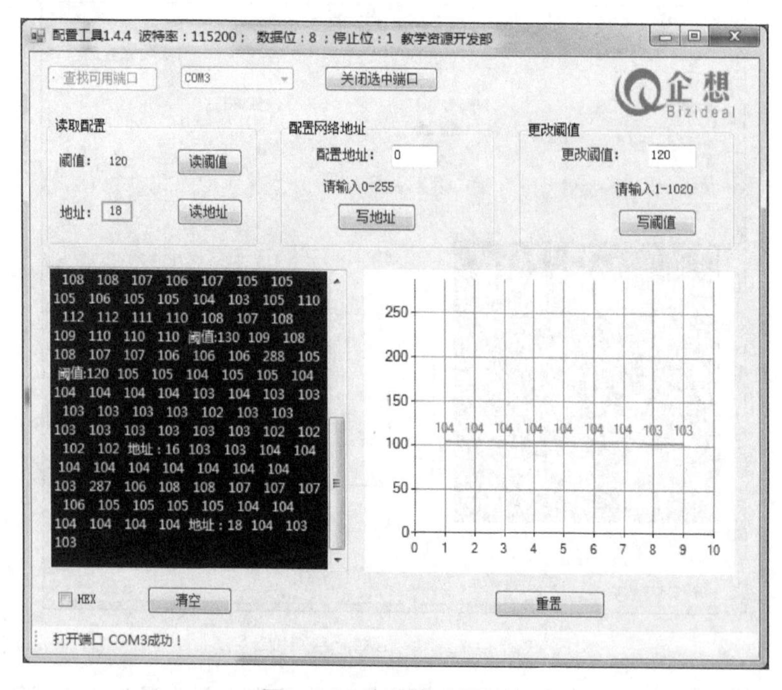

图8-16 光照传感器地址

与读取的步进电机的地址相比较，如果不相同，则在“配置网络地址”选项组中重新配置光照传感器的地址，保证网络地址相同，如图8-17所示。

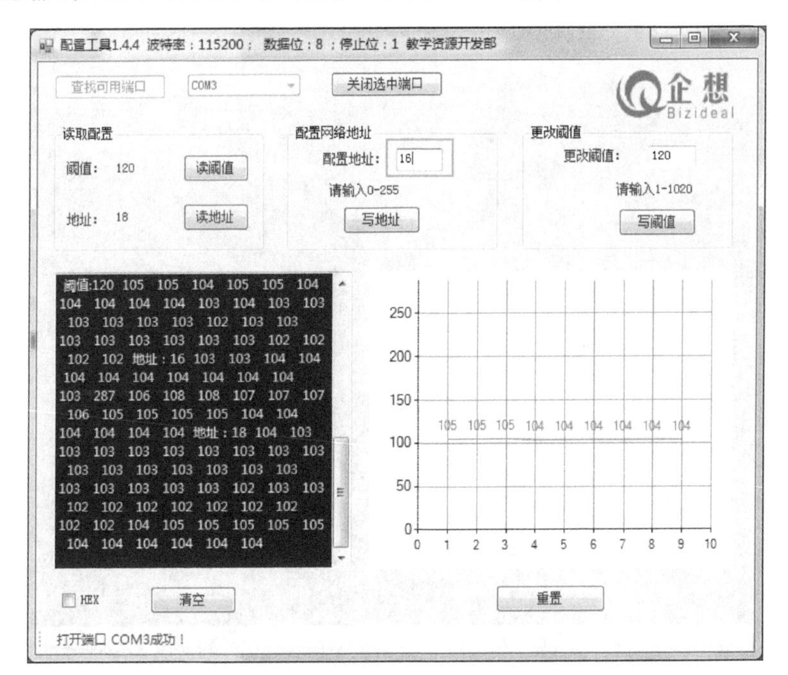

图8-17 配置网络地址

单击“写地址”按钮，在弹出的对话框中单击“确定”按钮，5s后按下光照传感器上的“复位键”，此时光照传感器的地址改写成功，可单击“读地址”按钮检查。网络地址一致时光照传感器和步进电机之间可以实现无线通信。

步骤8：对光照传感器进行遮光及强光处理，观察实训现象。

实训现象：1）当光照强度超过设定的阈值时证明光线强，光照度传感器将检测到的信号传递给步进电机模块，步进电机模块上的白色齿轮开始旋转，意味着步进电机开始工作，如图8-18所示。

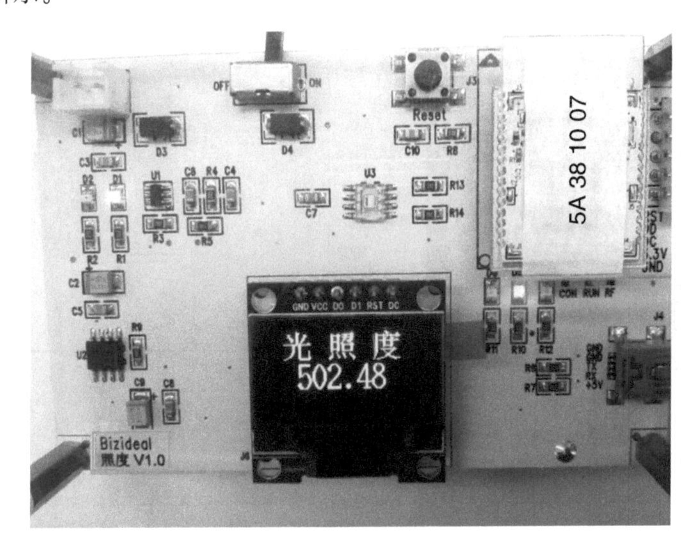

图8-18 光照强度超过阈值

2）当用遮挡物把光敏电阻挡住时光线弱，光照强度未超过设定的阈值，步进电机模块上的白色齿轮停止旋转，意味着步进电机停止工作，如图8-19所示。

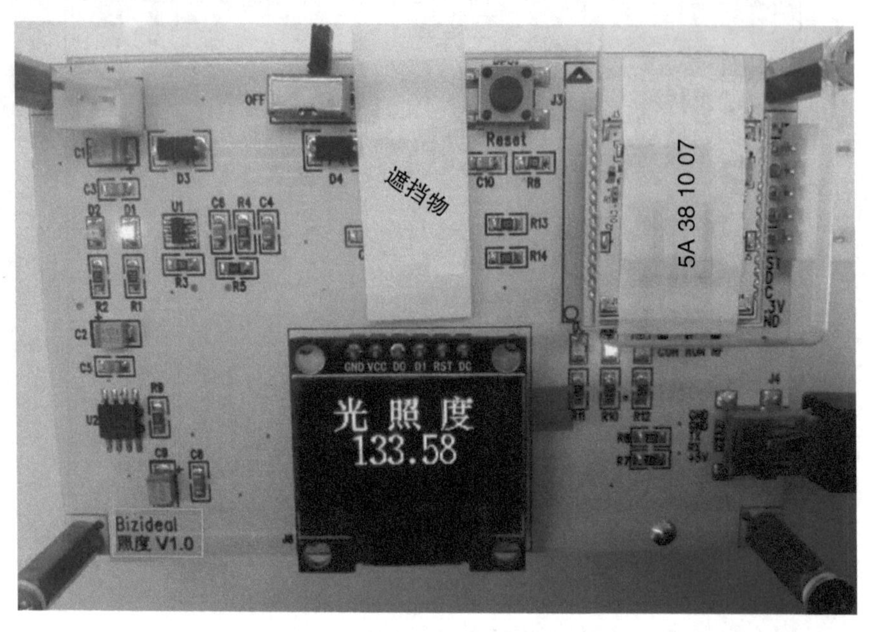

图8-19　光照强度未超过阈值

此时上位机光照浓度折线显示如图8-20所示。

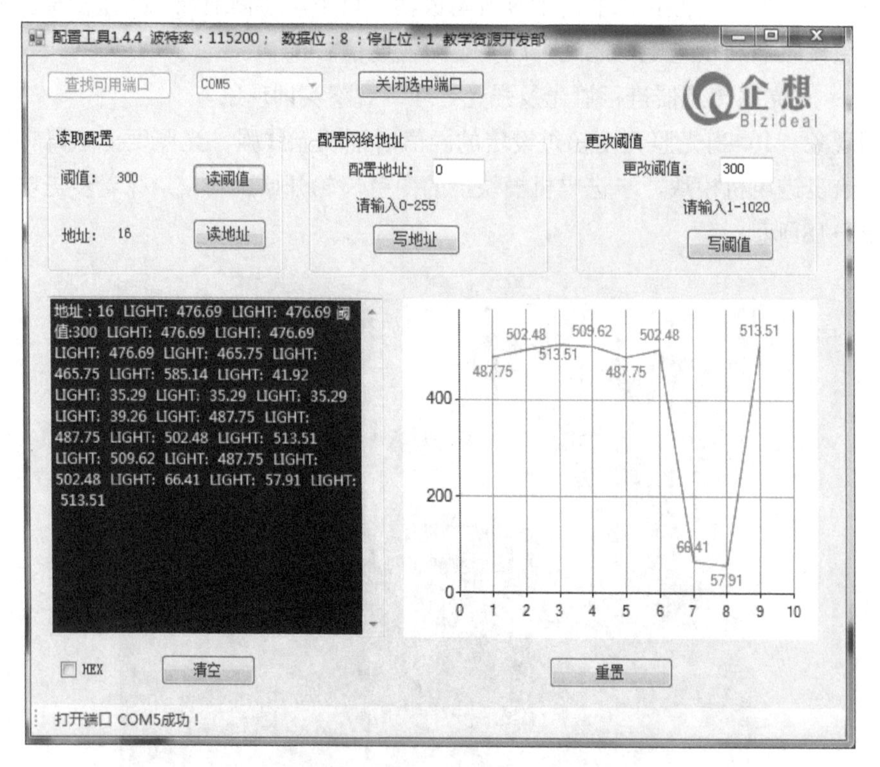

图8-20　上位机显示图

习题8-3

1）改变步进电机模块或照度模块的地址，观察实训现象，总结网络地址不同对实训的影响。

2）改变照度模块的阈值进行实训，总结阈值对实训效果的影响。

3）模拟不同的房间记录适合的光照度的范围值（例如，卧室、书房、客厅等）。

4）模拟不同的场景记录适合的光照度的范围值（例如，聚会、影音、晚餐等）。

8.4 智能采光系统实训2

智能采光系统实训包括智能采光系统模块介绍以及相应的实训步骤—— 搭建智能采光系统布局，实现照度传感器数据的采集。通过此实训，可利用移动终端查看实时的光照数据。

8.4.1 智能采光系统模块介绍

照度传感器的安装，只需要完成供电即可。GND代表负极，5V代表正极和其额定电压值。接线时可以用红线分别连接端子板和照度传感器的正极，用黑线分别连接它们的负极。照度传感器接线拓扑图和实物接线图分别如图8-21和图8-22所示。

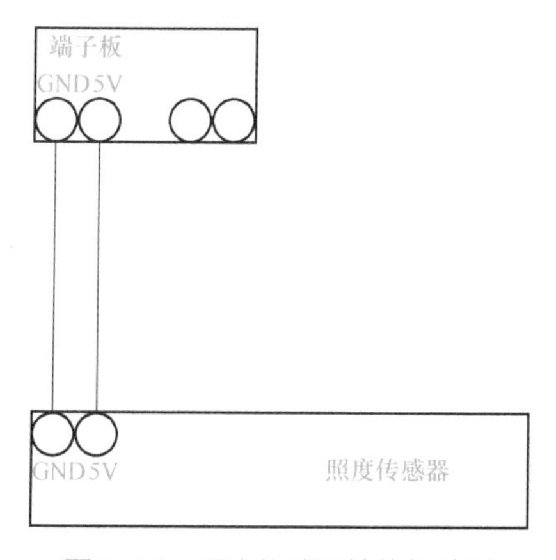

图8-21　照度传感器接线拓扑图

图8-22　照度传感器实物接线图

8.4.2 智能采光系统实训步骤

1. 搭建智能采光系统布局

智能采光系统布局代码，如下。

```
<RelativeLayout
    android:layout_width="150dp"
    android:layout_marginStart="20dp"
    android:layout_height="100dp"
    android:background="@drawable/bg_sensor">
    <TextView
        android:layout_width="wrap_content"
        android:layout_height="wrap_content"
        android:layout_alignParentLeft="true"
        android:layout_alignParentStart="true"
        android:layout_alignParentTop="true"
        android:text="光照"
        android:textColor="#000000"
        android:textSize="15dp"
        android:layout_marginLeft="20dp"
        android:layout_marginTop="20dp"/>
    <TextView
        android:layout_width="wrap_content"
        android:layout_height="wrap_content"
        android:layout_alignParentEnd="true"
        android:layout_alignParentRight="true"
        android:text="Lux"
        android:layout_marginRight="13dp"
        android:layout_marginTop="60dp"
        android:textColor="#000000"
        />
    <TextView
        android:id="@+id/tv_ill"
        android:layout_width="wrap_content"
        android:layout_height="wrap_content"
        android:textSize="20dp"
        android:layout_marginLeft="45dp"
        android:layout_marginTop="50dp"
        android:text="1"
        android:textColor="@android:color/holo_orange_dark" />
</RelativeLayout>
```

2. 实现照度传感器数据采集

照度传感器数据采集代码，如下。

信息采集：

```
if (list.get(i).getBoardId().equals(" ")&&list.get(i).getSensorType().equals(ConstantUtil.Illumination)){
    sensorStrings[2]=value;
}
```

数据显示：

```
tvIll.setText(sensorStrings[2]);
```

智能采光系统实现效果如图8-23所示。

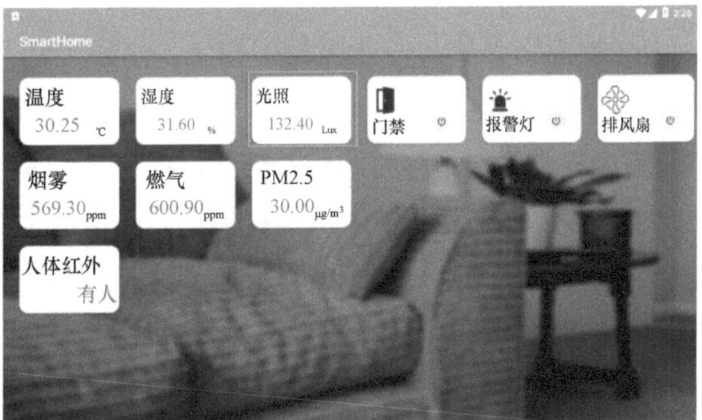

图8-23　智能采光系统实现效果

习题8-4

1）智能采光系统模块由哪几部分组成？

2）如何用代码实现光照数据的采集？简述过程。

单元小结

1）智能家居的智能采光系统，其实就是根据每天不同的时间、室外光亮度、某一区域的功能或该区域的用途来自动控制采光，是整个智能家居中的一个基础组成部分。

2）光照度传感器主要利用光敏元器件来实现光信号和电信号之间的转换。光敏电阻是其中最简单的一种元器件，它可以感应到光线的明暗变化，并将其转换成不同强度的电信号。

3）光照度传感器的分类主要有：光敏电阻、光敏管、红外线传感器、太阳能电池等。光敏电阻是光敏传感器中最简单的电子元器件，它是一种对光敏感的元器件，其电阻值随着外界光照的强弱变化而变化。

4）智能采光系统的功能通常是利用光照度传感器来实现的。光照度传感器一般采用对弱光也有很高灵敏度的硅蓝光探头作为探测器。

5）光照度传感器是一种采用热点效应原理的器件，这种传感器最主要的部分是对弱光性有较高反应的探测部件。

6）智能采光系统的应用场景：智能窗帘、智能阳光房。

7）智能窗帘是指带有一定自我控制、调节、反应功能的窗帘，可以根据室内环境的状况自动调节光线强度、空气湿度和室内温度等，有智能光控、智能风控和智能雨控3大特性。

8）智能窗帘的优势：能定时自动开关，需求大，具有声控、防盗功能，纱帘与布帘可分开操作。

9）智能阳光房与一般阳光房相比，多了电动开启遮阳帘、电动开启屋顶天窗、电动开启风扇这些功能。

10）智能化阳光房的结构：阳光房的主体结构是整体阳光房的骨架，其承载力和荷载分散在骨架上，牢固的主体结构材料是阳光房的生命力。

11）智能采光系统实训1：实现光照度传感器与步进电机之间的通信。

12）智能采光系统实训2：实现光照数据的采集。

参考文献

[1] 高立静，李宁，唐云，等．走进智能家居[M]．北京：机械工业出版社，2022．

[2] 于恩普，张鲁，高立静，等．智能家居设备安装与调试[M]．北京：机械工业出版社，2021．

[3] 海天电商金融研究中心．一本书读懂智能家居[M]．2版．北京：清华大学出版社，2019．

[4] 姜仲，刘丹．ZigBee技术与实训教程：基于CC2530的无线传感网技术[M]．2版．北京：清华大学出版社，2018．

[5] 刘修文，朱林清，俞建，等．物联网技术应用：智能家居[M]．3版．北京：机械工业出版社，2022．

[6] 解相吾，解文博．物联网技术基础[M]．2版．北京：清华大学出版社，2022．

[7] 企想学院．智能家居安装与控制项目化教程[M]．2版．北京：中国铁道出版社，2022．